室内设计

黄金法则

The Golden
Rule of
Interior
Design

顾浩　蔡明 | 编著

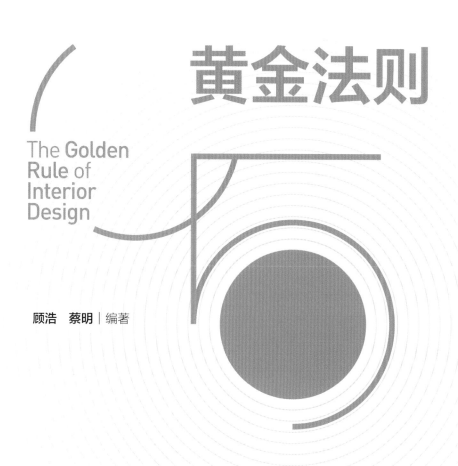

中国电力出版社
CHINA ELECTRIC POWER PRESS

内容提要

本书以体现室内设计实践技巧为基准，体例完整，主要从比例、造型与图案、色彩、光环境、材料 5 个方面以图文并茂的形式阐述了设计方法，帮助设计师快速实现设计想法。同时，书中涉及一些设计审美和设计管理的内容，为设计师未来朝着不同方向发展做准备。

图书在版编目（CIP）数据

室内设计黄金法则 / 顾浩，蔡明编著 . — 北京：
中国电力出版社，2022.4（2023.4 重印）
ISBN 978-7-5198-6598-6

Ⅰ . ①室… Ⅱ . ①顾… ②蔡… Ⅲ . ①室内装饰设计
Ⅳ . ① TU238.2

中国版本图书馆 CIP 数据核字（2022）第 041806 号

出版发行：中国电力出版社出版发行
地　　址：北京市东城区北京站西街 19 号（邮政编码 100005）
网　　址：http://www.cepp.sgcc.com.cn
策　　划：单　玲
责任编辑：曹　巍（010 - 63412609）
责任校对：黄　蓓　郝军燕
版式设计：张俊霞
责任印制：杨晓东

印　　刷：北京瑞禾彩色印刷有限公司
版　　次：2022 年 4 月第一版
印　　次：2023 年 4 月第四次印刷
开　　本：710 毫米 × 1000 毫米　16 开本
印　　张：12
字　　数：296 千字
定　　价：86.00 元

前 言

PREFACE

随着经济的不断发展，房屋不再只是遮风避雨的场所，它反映了人们对美好生活的追求。设计师要在满足业主功能需求的同时，满足业主在精神上的追求。因此，设计能力对设计师来说显得尤为重要。

室内设计涵盖了许多方面的知识，想要做好室内设计工作，做出令业主满意的设计，需要经过数年的学习和实践。对于刚入行的设计师来讲，其欠缺的可能恰恰就是这些经验性的知识以及实践技巧，而对于想要进阶的设计师来说，其需要的则是更多的灵感。本书集结了几位资深设计师在多年工作中总结出的设计方法和规律，为设计师提供灵感和实践技巧，全方面提高其设计能力。

书中从比例、造型和图案、色彩、光环境、材料五个方面讲解室内设计，同时增加了设计美学领域的内容，帮助设计师更好地理解设计，而设计管理的内容对设计师而言则是未来发展需要了解的。本书主要针对这五个室内设计黄金法则进行阐述，通过详细的图解对设计技巧的原理及应用进行重点说明。大量图片与文字的结合让设计变得不那么"高不可攀"，施工节点和效果图相对应，这可以让设计师更好地理解设计的细节，帮助设计师更好更快地完成设计。本书对于设计师而言，不仅仅有教科书中的理论体系，也包含着经验与实践内容，值得一读。

本书由顾浩、蔡明编著，其中色彩章节由国际著名色彩专家刘纪辉撰写，且有赵航、王建军、顾艳参与不同章节的编写，王杰、江伟、李晓伟、孙士君、陈晓璐进行辅助、整理，才使本书顺利完成。在此，特别感谢清华大学美术学院教授李朝阳老师提供的帮助与支持。

编者

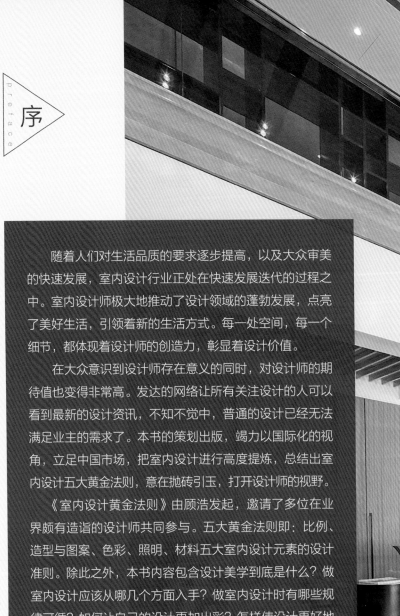

　　随着人们对生活品质的要求逐步提高，以及大众审美的快速发展，室内设计行业正处在快速发展迭代的过程之中。室内设计师极大地推动了设计领域的蓬勃发展，点亮了美好生活，引领着新的生活方式。每一处空间，每一个细节，都体现着设计师的创造力，彰显着设计价值。

　　在大众意识到设计师存在意义的同时，对设计师的期待值也变得非常高。发达的网络让所有关注设计的人可以看到最新的设计资讯，不知不觉中，普通的设计已经无法满足业主的需求了。本书的策划出版，竭力以国际化的视角，立足中国市场，把室内设计进行高度提炼，总结出室内设计五大黄金法则，意在抛砖引玉，打开设计师的视野。

　　《室内设计黄金法则》由顾浩发起，邀请了多位在业界颇有造诣的设计师共同参与。五大黄金法则即：比例、造型与图案、色彩、照明、材料五大室内设计元素的设计准则。除此之外，本书内容包含设计美学到底是什么？做室内设计应该从哪几个方面入手？做室内设计时有哪些规律可循？如何让自己的设计更加出彩？怎样使设计更好地落地？若是想创业又该如何进行管理等等，既为室内设计提供了理论支撑，也为设计师提供了灵感的源泉。

　　希望通过本书的出版，能够让更多的室内设计师站在巨人的肩头上向上攀登，创造出更多的优秀作品。

蔡明

博洛尼家居用品（北京）股份有限公司董事长

目 录

在进行设计之前，首先要学会分辨设计的"美与丑"，这样才可以开展后续的设计工作，可以说美学就是设计的基础。"美与丑"是由人的主观意识决定的，每个人对其定义不同，但是要学会从理性、专业的角度来评判设计。只有合理的评判才能从好的设计中学习到它的优点，并将所学的优点运用到自己的设计当中。

设计与美学

Design and Aesthetics

设计的认知

设计与美学的关系

设计指设计师有目标、有计划地开展技术性的创作与创意活动。设计的任务不只是为生活和商业服务，同时也伴有艺术性的创作。

设计主要为人服务，以人为本是设计的宗旨。所谓以人为本，就是要满足人的需求，满足人对生活的需求、对舒适的需求、对美的需求。

人类的一切活动都是为了使生活更美好、更舒适、更惬意。设计具有的艺术性，能给人们的生活带来快乐和享受。这种艺术性虽然来源于生活的基本需求，但是与实用性不同。只有使艺术性与实用性达到平衡，才能够更好地体现出设计的价值。

△室内空间设计除了要具有美感，也要兼具功能性。本案例的层高较高，利用具有艺术效果的吊灯，以及墙面精致的飞鸟装饰来达到视觉平衡，避免层高过高带来的空旷感。实用性方面，在墙面的下部设计了可以储藏书籍的柜格，以便于居住者闲暇时光在此放松时，可以随时拿取书籍进行阅读。

室内设计中的美学概念

室内设计的组成

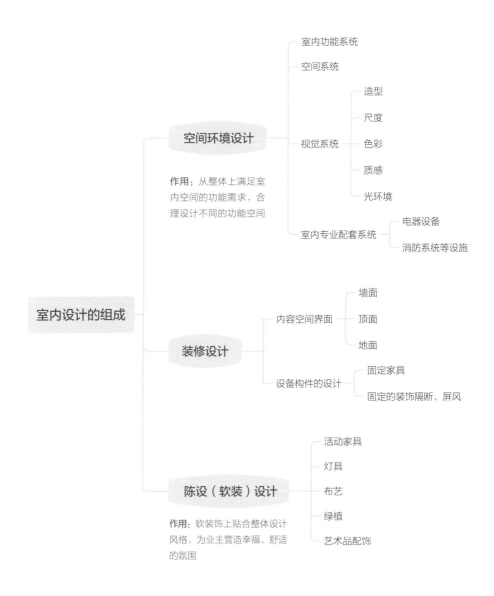

室内设计的组成
- 空间环境设计
  作用：从整体上满足室内空间的功能需求，合理设计不同的功能空间
  - 室内功能系统
  - 空间系统
  - 视觉系统
    - 造型
    - 尺度
    - 色彩
    - 质感
    - 光环境
  - 室内专业配套系统
    - 电器设备
    - 消防系统等设施
- 装修设计
  - 内容空间界面
    - 墙面
    - 顶面
    - 地面
  - 设备构件的设计
    - 固定家具
    - 固定的装饰隔断、屏风
- 陈设（软装）设计
  作用：软装饰上贴合整体设计风格，为业主营造幸福、舒适的氛围
  - 活动家具
  - 灯具
  - 布艺
  - 绿植
  - 艺术品配饰

室内设计思维

根据设计美学的需求及室内设计中的逻辑关系，可以梳理出居住空间设计的思维主线和脉络。根据该脉络就可以明确室内空间设计的思维模式，令设计师能够更好地落实设计。

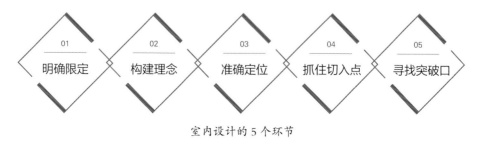

01	02	03	04	05
明确限定	构建理念	准确定位	抓住切入点	寻找突破口

室内设计的 5 个环节

■ 明确限定

明确主客观因素对设计的限定，以及这些因素对设计造成的影响，才能设计出既切合空间形态又符合房主需求的空间。其中，客观因素主要体现在户型方面，如异形或狭长形空间等；而主观因素则通常体现在居住者身上，如对空间布局有特殊要求等。

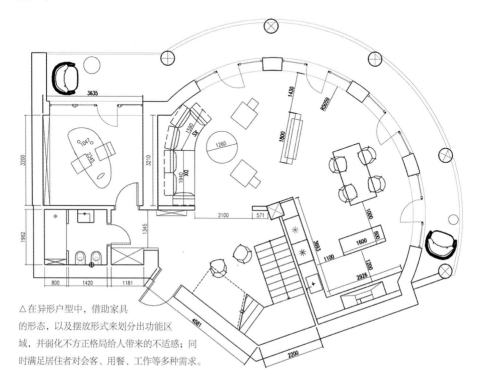

△在异形户型中，借助家具的形态，以及摆放形式来划分出功能区域，并弱化不方正格局给人带来的不适感；同时满足居住者对会客、用餐、工作等多种需求。

■ 构建理念

　　由于低碳、环保的设计理念更加贴近人们现阶段的需求，且符合时代潮流，因此，在实际设计之前，应构建低碳、环保的理念，采用符合国家标准的材料，才能保证空间内的甲醛含量不超标，保护居住者的身体健康。同时，环境问题是全球性问题，要解决这一问题，需要所有人共同努力。

▽根据低碳、环保的设计理念，使用多种环保材料，尽量降低对环境的污染。

◤ 准确定位

在进行设计之前，设计师应与居住者进行充分的沟通，准确了解居住者及其家人的喜好和对空间的不同需求。只有深入挖掘与体会居住者需求，才能设计出更加人性化的居住空间，获得较高的认可。

△为满足居住者对阅读与工作的需求，在书房中设计了顶天立地的大容量书柜。同时，借助弧形阳台的走势，设计出可以容纳多人办公的区域，为居住者打造出充满个性的空间。

▨ 抓住切入点

　　设计师不仅应考虑到居住者当前的生活需求，也要以未来可能产生的需求为切入点进行设计，最终设计出可持续利用的居住空间。

△现在，很多家庭有两个孩子。设计两间儿童房是必不可少的，对于两间儿童房的平衡，设计师也需要认真考虑。

■ 寻找突破口

　　每一个居住者都希望自己的小家是独一无二的，他们对家的需求也会因为职业或者兴趣爱好的不同而有所不同。设计师在进行设计之初，应找到个性化的突破点，这样设计的作品才会更符合居住者的心意。

▽居住者从事艺术创作工作，对潮流、先锋的事物接受度较高，因此，设计师在空间中做了一些反常规设计，如扇形的衣帽间，裸露的水管和水泥带来的工业感等。

避免进入设计美学中的误区

　　初学设计时，很多人都误以为空间设计就是元素的堆砌，有时甚至抛弃了合理性和功能性，将其用在错误的位置。例如，在卫生间不设门，为了追求新奇感，用铁网进行分隔，这样的设计完全忽视了卫生间的私密性，并不可取。

造作！
注重视觉表层，缺乏以人为本

▽　建筑设计当中直接采用生活中经常会碰到的茶壶、乌龟等的形态，只是从造型上给人以新奇的感受，没有从人的需求、尺度等方面出发，让建筑缺少了功能性。

肤浅！
崇尚高档奢华，缺乏内在气质

▽　在室内设计中，盲目使用大面积的金色和欧式纹样，想要追求奢华感，但整体设计看起来缺乏人文特色，显得毫无文化韵味。

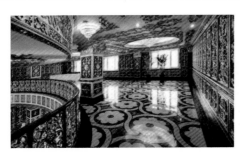

这4大误区均会导致设计师"过分"重视设计，用力过猛！

跟风！
盲目追求个性，缺乏理性剖析

▽ 富有新意的设计第一次出现时，往往令人眼前一亮，感叹于设计者的创意灵感；但如果设计时盲目跟风，而没有独有的设计灵魂，这样的设计往往无法打动人心。

1994年建造完成的某酒瓶楼

2010年建造完成的某酒瓶楼

短视！
攀比材料堆砌，缺乏整体理念

▽ 在进行设计时，过分堆砌材料，注重所谓的"设计感"，但实际上缺少功能性，并不能满足居住者的实际需求。

设计审美的体现

设计中的整体性概念

设计需求应由大到小地去满足，也就是说，应先满足整体性需求，再针对不同个体的需求进行设计。

整体性设计要求在居住空间设计中首先呈现出完整的视觉形象。一个居住空间是自然环境、人工环境和人文环境的综合展现，因此它绝不是各个界面、局部造型的单独显现或简单罗列，而更应该是一种高度的有机结合。设计师需要追求空间环境的有机整体性，在视觉上注重完整空间视觉形象的塑造。这是超越局部和个别的形式美要求，建立在相互联系观念上的设计要求和综合标准。

在具体的设计中，居住空间环境主要由形、材、光、色等多种要素构成，其构成的形态千姿百态，但其中每一要素在满足个性需求的同时，也要体现空间的完整性。这种整体之美，小到一个局部、细部节点，大到整个空间环境，既有各种不同的各具表现力的物象形态，又有内在的有机秩序和整体气质。

为了达到整体统一的居住空间设计要求，设计师在设计时，首先需要对于某一居住空间的形态、界面、材质进行明确的限定。从某种层面上说，对空间限定的程度决定了其功能及审美的特征，空间的形态、尺度、比例甚至材质都对居住空间具体的限定起着重要作用，它们最终必然反映在各个界面的比例、材质、色彩等特性上，并影响着室内空间的功能和审美。

体现整体性设计的手法

01 设计手法 ▶▶▶
调和

　　将相似、相同、相近的元素有规律地进行组合，将差异面的对比度降到最低限度，使构成的空间具有明显的一致性。

△半透明材质的桌椅、纯白色的石材地面、白色石膏板吊顶三者之间有材质光滑及高反射的相似性，材质搭配和谐统一。

上
下

上　通过色彩上的明暗与冷暖的对比，使客厅氛围活泼又不失稳重感。

下　顶面的圆角四边形和隔断中的镂空形式互相呼应，形成了造型上的调和。

02 对比

　　借助不同元素之间的差异性进行相互补充、相互映衬，以创造空间的整体美。粗与细、硬与软、大与小、曲与直、疏与密、明与暗、冷与暖，都是以对比手法来塑造空间的整体形象。

△通过色调的明暗对比，使营造出的空间氛围活泼而不失整体感。

居住空间的设计审美表达

从视觉之美到空间环境整体体验之美、生态之美，需展现居住空间的内涵、气质、品位。一个好的居住空间环境并非一定奢华、处处精彩；一个好的室内设计也不可能没有限定，失去发展的方向。无论区域、空间，还是功能、材料，都需要为凸显居住空间的气质和整体性服务，要明确设计限定。否则，设计理念无法建立，设计定位无法明确，切入点无法抓住，更无法寻找到突破口。如此，势必影响居住空间设计语言的综合表现力。

设计定位准确、合理

要点一

注重设计的适度性、材料选择的节制性、设计发展的可持续性

要点五

设计审美表达
的 5 要点

要点二

注重人文感
与时尚感

要点四

要点三

以健康、低碳、环保、生态为追求方向

依托构造技术的合理性、可行性、先进性

01 设计定位准确、合理

设计师应明确居住者的需求，整体设计应以居住者的想法和喜好为主，而不应过多地加入自己的主观想法。若居住者设计想法不合理，应与居住者进行友好协商，保证设计的合理性才是最终目的。

△准确定位空间主人的需求，针对不同人群的性格特点进行合理的设计。

02 注入人文感与时尚感

　　设计师在为居住者进行设计时，可以参考居住者喜欢的风格、元素等，并将其放大，以作为设计的亮点，同时可以尝试加入一些其他元素，为空间增加人文感与时尚感。

△以人为本，针对不同个体的需求，加入流行和创新元素，打造出充满活力的居住空间。

墙面石材与釉面砖，以及石膏板吊顶之间的衔接工艺应细致、到位，打造个性化的设计

△在设计过程中考虑到施工的难度，根据空间实际情况及装修时间来进行设计。

设计审美表达的 5 要点 ▶ ▶ ▶
03 依托构造技术的合理性、可行性、先进性

在设计过程中，设计师应首先考虑设计是否具有可行性，其次考虑目前的施工技术能否实现。但是，单纯依托过于老旧的施工技术无法实现创新性设计，因此在条件允许的情况下，也应考虑使用最新的施工技术，来达成预期的目标。

04 以健康、低碳、环保、生态为追求方向

环境问题是全球性问题，从设计方面来说，在空间设计中使用低碳、环保的材料不仅能响应国家的号召，也能保证居住者的身体健康。

▷ 空间使用的材料要做到环保、低碳，减少对环境的污染。

05 注重设计的适度性、材料选择的节制性、设计发展的可持续性

很多设计师一味追求设计感，忽略了设计要以居住者的需求为本。即使空间的设计感再强，如果无法使用，也是得不偿失。设计师在设计时，首要任务还是注重设计的适度性。适度的设计既能够保证设计感又能保证实用性，并且节制地选择材料，能够实现空间的协调统一。另外，由于室内设计通常会使用 5~10 年，设计师在进行设计时要考虑到该设计在未来是否能够满足居住者的需求。

△设计过程中不仅要考虑到房主现阶段的需求，还要考虑到未来可能产生的需求。榻榻米的形式简单且适合孩子使用。

第一黄金法则

比例运用

Proportional Application

从古至今，比例一直是艺术家们时常关注和使用的数值关系。比例为数学概念，之后被运用在设计的方方面面。比例的运用给室内设计、家具设计等提供了一定的理论支撑，将其再与艺术审美相结合，就可以满足兼具功能和美感的设计需求。

黄金分割比

"黄金分割有种力量，它的特性能把不同的部分联合成一个整体。每个部分既能保持原来的特点，同时又能融入一个形态更佳的整体中，创造出和谐的关系。"

——基欧吉·达克兹《极限的力量》（1994）

黄金分割比的由来

黄金分割比从发现至今一直被广泛运用，它给了美一个准确的数值。黄金分割比即黄金分割矩形的邻边比，通俗来讲，将一条线段分为两部分，整条线段的长度 AB 与次长线段 AC 的比例及线段 AC 与最短线段 CB 之间的比例是相同的，比例值约为 1：0.618，即 $\frac{\sqrt{5}-1}{2}$。

A   C   B $\dfrac{AB}{AC} = \dfrac{AC}{CB}$

最早关于使用黄金分割比例的记载，可以追溯到公元前 20 世纪～前 16 世纪的史前巨石阵，其长宽比为 1：0.618。

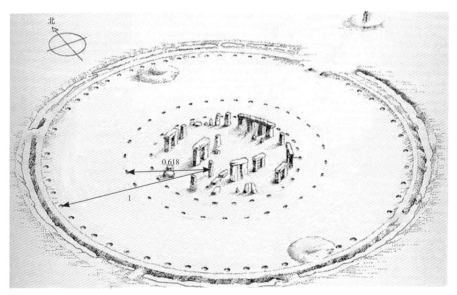

△巨石阵外围是直径为 90 米的环形土沟与土岗，内侧紧挨着的是 56 个圆形洞，两个圆的直径之比为黄金分割比。

黄金分割比广泛地应用在生活的方方面面，尤其是在设计方面，不论墙、顶、地面上，还是家具造型中，都可以运用黄金分割比将其进行合理又美观的分割。

上／下

上　整面墙的设计是运用黄金分割比分割的，让墙面的分割更有韵律感和美感。

下　空间中，大到空间布局，小到铺装分割，都按照一定的比例进行，其中，墙面和门的分割以及背景墙的分割都是按照黄金分割比进行的。

黄金分割比的演化

黄金分割矩形

　　黄金分割矩形是根据黄金分割比画出的矩形。自然界中许多植物、动物的生长结构，以及人体各部分的比例中都能找到这一矩形。另外，黄金分割矩形可以帮助建筑设计、室内空间设计或家具设计来确定一些结构的位置及其结构在所处空间中适合的形式，并且在该矩形中可以寻找不同的比例关系、辅助线关系等，以此辅助设计，可使设计呈现出理性、秩序之美。

▓ 自然界中的黄金分割矩形

　　不仅是人类，自然界也对黄金分割比这一比例非常偏爱。黄金分割比在自然界中可以说是处处可见，通常体现在动植物等生命体的生长模式中。

鳟鱼的黄金分割比例分析

黄金分割矩形　　　　黄金分割矩形　　　　黄金分割矩形

△鳟鱼鱼身正好可分为三个黄金分割矩形。鱼眼正好位于竖向黄金分割矩形的黄金分割点上，尾鳍部分也可以视为一个横向黄金分割矩形。

■ 人体雕塑中的黄金分割矩形

在公元前 1 世纪，维特鲁威总结出人体的比例系统，将人体头部或腿部长度，以组件测量的方式进行分析，将人体分为六段，分别为头部、胸部、腰部、腹部、大腿和小腿，不同部位之间都存在黄金分割比例的关系。

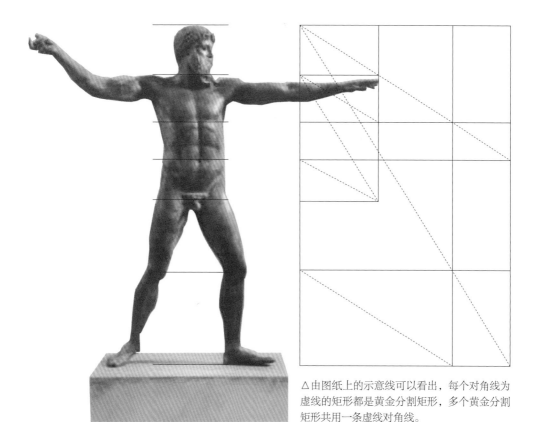

《海神波塞东像》

△由图纸上的示意线可以看出，每个对角线为虚线的矩形都是黄金分割矩形，多个黄金分割矩形共用一条虚线对角线。

建筑中的黄金分割矩形

维特鲁威除了记录人体比例，也提出建筑应该像人体比例一样完美，每个部分都应和谐统一，此后，在欧洲的各个时期，建筑设计师们都有意识地将黄金分割矩形或黄金分割比例运用于建筑设计中。

帕特农神庙复原图

△帕特农神庙是运用黄金分割矩形设计建筑的典型例子。其外立面由一组可以进一步分解的黄金分割矩形构成。其中的一个竖向的黄金分割矩形构成了楣梁、带饰和山形墙的高度。

△巴黎圣母院也是运用多个黄金分割矩形设计而成的，其整体是一个大的黄金分割矩形，根据此黄金分割矩形的分割线确定了塔楼的高度，同时，下方的正方形中包含了六个小黄金分割矩形。

■ **家具中的黄金分割矩形**

　　20 世纪 20 年代，欧洲设计师对黄金分割矩形的应用已经十分得心应手，逐渐扩大了黄金分割矩形的应用范围，甚至将其运用在了椅子等一些家具设计中。设计大师密斯·凡·德·罗设计的 MR 椅，运用了黄金分割矩形，同时也遵循了人体工程学原理。

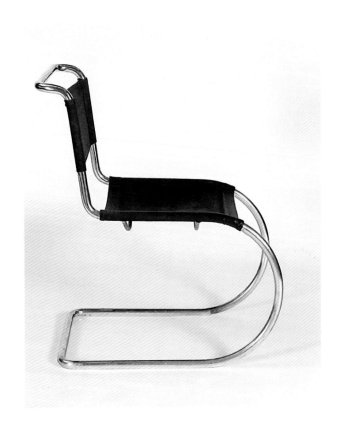

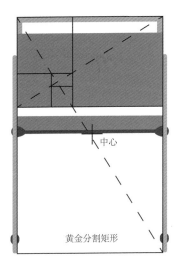

中心

黄金分割矩形

△ MR 椅正视图是一个黄金分割矩形，座面位于中心点所在平面，椅背则位于黄金分割线所在平面。

■ 室内空间中的黄金分割矩形

　　室内空间中也可以广泛运用黄金分割矩形，如
设计墙面、地面等结构时，利用黄金分割矩形进行
分割，可以令空间的分割有据可循。

上
——
下

上　运用黄金分割矩形可以将整
　　个墙面分为三部分，黄金分
　　割矩形中的两个竖向矩形可
　　以设计两个高酒柜。

下　再利用黄金分割矩形对两个
　　酒柜进行分割，即可得到横
　　向和竖向隔板的位置。

黄金分割矩形的常规绘制方式

◪ 黄金分割矩形正方形绘制法

① 先画一个正方形。

② 以正方形一边的中点 A 为圆心，∠A 的对角为∠B，以 AB 为半径画弧，与 A 所在直线的延长线交于 C 点，根据 C 点的位置画出一个较小的矩形，较小的矩形和正方形组合成一个黄金分割矩形。

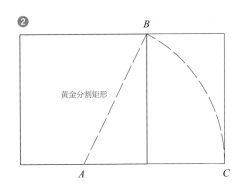

③ 连接黄金分割矩形和小矩形的对角线，可以发现它们互相垂直。

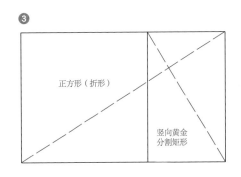

▨ 黄金分割矩形三角形绘制法

1 先绘制一个直角边长度比为 1∶2 的直角三角形，以 A 点为圆心，AB 为半径画弧，与斜边 AC 相交于 D 点。

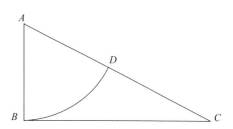

2 以 C 点为圆心，CD 为半径画弧，与直角边 BC 相交于 E 点。

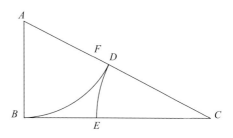

3 过 E 点做 BC 的垂直线，与斜边 AC 相交于 F 点。

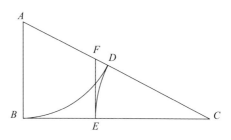

4 以 E 点为圆心，BE 为半径画弧，与垂线 EF 的延长线相交于 G 点，以 EG、EC 为矩形的宽和长，即可画出黄金分割矩形。

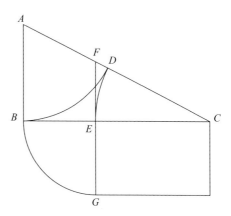

▨ 黄金分割动态矩形绘制法

黄金分割动态矩形没有固定的形态，根据个人不同的思维习惯可以得出不同的网状形式。以边长比为 $\sqrt{2}$: 1 的矩形为例，动态矩形的绘制方法举例如下。

画出一个边长比为 $\sqrt{2}$: 1 的矩形 *ABDC*，利用黄金分割线 *EF* 将其分割为两个矩形，用虚线画出其中两个较大矩形（即矩形 *ABDC* 和矩形 *AEFC*）的对角线。

▷在实际应用中，可以看到帕特农神庙就是遵循这种黄金分割动态矩形，根据重合的线条可以得知，其中很多尺寸关系都是根据动态矩形中的线条确定的，比如门楣的高度，两边柱子的位置，再根据所需柱子的数量去推导中间柱子的位置。

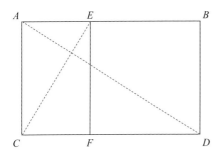

在矩形 *AEFC* 中，黄金分割线为 *GH*，以 *AC* 中线做镜像，即可得到矩形中的另一条黄金分割线 *G′H′*。

画出矩形 *AEHG* 的黄金分割线，与 *CE* 相交，并延长至 *G′H′*，同时，将矩形 *G′H′FC* 的黄金分割线做同样的处理，即可得到一个有规律的分割矩形。

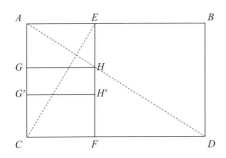

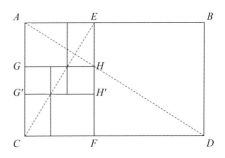

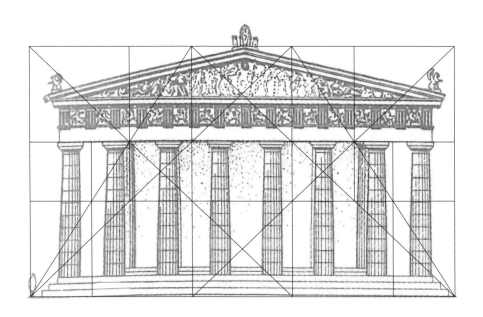

4

将矩形 *AEFC*（包括其中的所有黄金
分割线以及对角线），以 *AB* 中线做镜
像，得到一个中轴对称的图形。

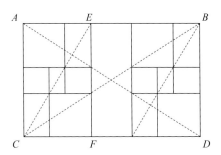

5

连接 *A*、*B*、*C*、*D* 四个点对应的
所有角点，即可得到一个黄金分
割动态矩形。

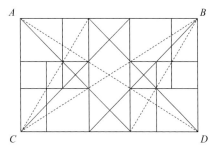

斐波那契数列

斐波那契数列与黄金分割比

如果说黄金分割比给出了一个关于比例的准确数值，那么，斐波那契数列则印证了这个数值的准确性，并且衍生出具有美感和理论依据的曲线，这些都可以广泛应用在设计当中。

约 800 多年前，比萨的莱昂纳多·斐波那契将数列与十进制一起引入欧洲。这组数列中的数字：1、1、2、3、5、8、13、21、34…… 都是将前两个数字相加后得出第三个数字。这种比例模式与黄金分割比例体系十分相似。数列中位列前几位的数字的比值接近于黄金分割比，从 15 位数字开始，任意一个数字除以其后一位数字的数值接近 0.618，除以其前面的一位数字的数值接近 1.618。

1，1，2， 3， 5， 8， 13， 21， 34， 55， 89，以此类推

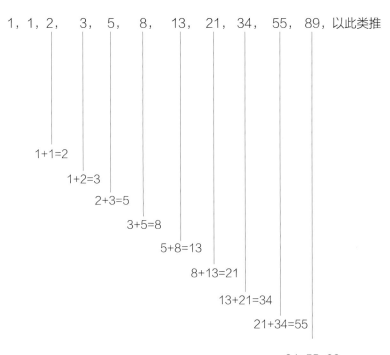

1+1=2

1+2=3

2+3=5

3+5=8

5+8=13

8+13=21

13+21=34

21+34=55

34+55=89

2 / 1=2.00000

3 / 2=1.50000

5 / 3=1.66666

8 / 5=1.60000

13 / 8=1.62500

21 / 13=1.61538

34 / 21=1.61904

55 / 34=1.61764

89 / 55=1.61818

144 / 89=1.61797

233 / 144=1.61805

377 / 233=1.61802

610 / 377=1.61803

→ 数值基本稳定在 1.618 左右，即黄金分割的范围内

斐波那契螺旋线

斐波那契螺旋线也称"黄金螺旋线",是根据斐波那契数列画出来的螺旋线。以斐波那契数为边长的几个正方形拼成一个长方形,然后在每个正方形里面画一个90度的扇形,连起来的弧线就是斐波那契螺旋线。斐波那契螺旋线具有数学之美,具有规律性,在室内设计中,常应用于顶面造型、家具造型,以及楼梯造型当中。

▷鹦鹉螺是最符合斐波那契螺旋形状的典型例子。当海螺被切成两半的时候,它内腔壁的形状是最完美的斐波那契螺旋形状。

斐波那契螺旋线的表现形态

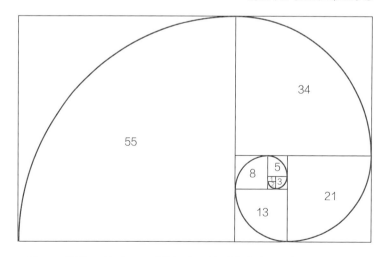

△以5~55为例,面积为55cm² 的矩形,以短边长度为准,将矩形分割成一个正方形和一个小矩形,而小矩形的面积约等于34cm²,依次类推,逐渐分割矩形,以分割出的正方形边长为半径画出弧形,连接弧形即可得出一条螺旋线。

△设计旋转楼梯时，平面可采用斐波那契螺旋线的形状，让楼梯更具美感。

△在家具设计中用螺旋线的原理来分割家具，同时将最具特色的位置放置在螺旋线的中心位置。

模度与红蓝尺

模度与红蓝尺的由来

柯布西耶于 20 世纪 40 年代从人体尺度出发，选定下垂手臂、脐、头顶、上伸手臂四个部位为控制点，与地面距离分别为 86 厘米、113 厘米、183 厘米、226 厘米。这些数值之间存在着两种关系：一是黄金比例关系；二是上伸手臂高恰为脐高的两倍。以脐高 113 厘米和上伸手臂 226 厘米这两个数值为基准，乘以黄金比例数值，可以形成两套级数，前者被称为"红尺"，后者被称为"蓝尺"。

红尺数值的由来： $113 \times 0.618 \approx 70$ $70 \times 0.618 \approx 43$ $43 \times 0.618 \approx 27 \cdots\cdots$
蓝尺数值的由来： $226 \times 0.618 \approx 140$ $140 \times 0.618 \approx 86$ $86 \times 0.618 \approx 53 \cdots\cdots$

"对问题根源的调整，将改变一切，将开启思想的大门，使想象自由流淌。"

——柯布西耶《模度》

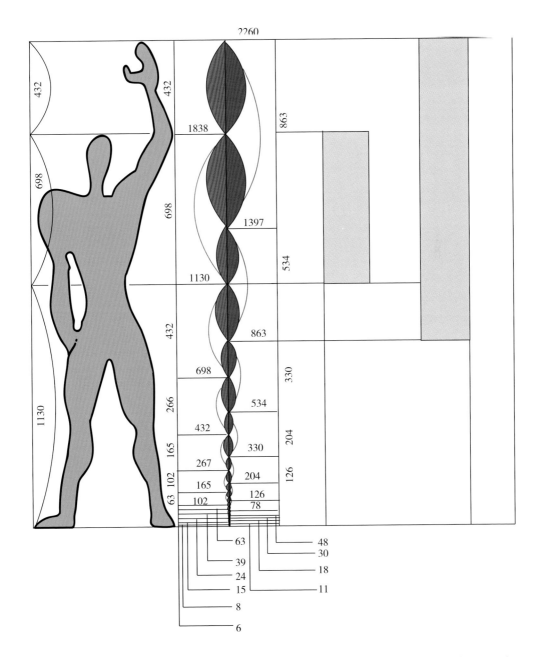

△ 柯布西耶根据瑞士人 1.83 米的身高把所有的数值计算了出来，从上图可以看出，伸手的高度是 2.26 米，人的身高是 1.83 米，肚脐距地是 1.13 米，手下摆距地面为 0.86 米。根据这四个关键尺寸可以进行一系列设计应用，比如，马赛公寓的尺寸就是严格按照这四个尺寸设计的。

红尺数值： 183-113-70-43-27-16-10-6
蓝尺数值： 226-140-86-53-33-20-12-8-4

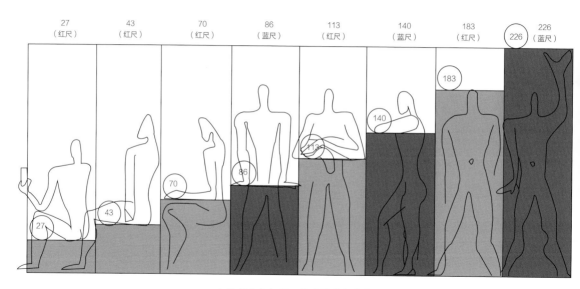

人体行为与红尺、蓝尺的对应关系

以蓝尺做横轴，红尺做纵轴，根据其数值可得到一个不同坐标点的位置，过点做横轴和纵轴的垂线，可以得到包含红尺、蓝尺数值的网格，这些网格就可以称为模度。

包含红尺、蓝尺数值的网格

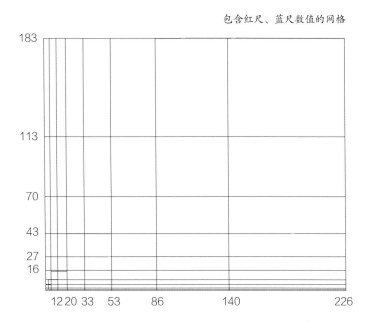

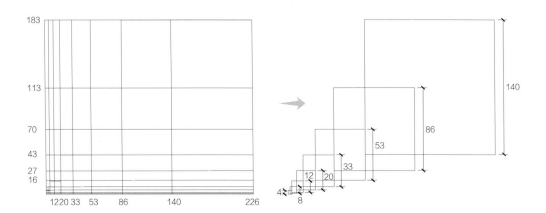

△观察网格可以发现，红尺、蓝尺相邻的数据之间距离相等，即可得到不同边长的正方形。这些坐标轴上的数值以及正方形的边长都被广泛应用于设计中，与人们的生活息息相关。

红尺、蓝尺的设计应用

■ 家具中红尺、蓝尺的应用

  无论是定制家具，还是成品家具，红尺、蓝尺的数值都可以广泛应用在其中。运用红尺、蓝尺的尺寸数值，可以令家具设计更加符合人体工学原理，使家具用起来更舒适。

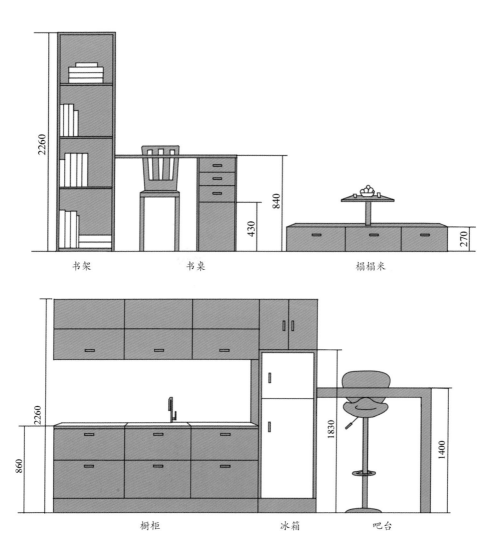

书架   书桌   榻榻米

橱柜   冰箱   吧台

地面拼贴中红尺、蓝尺的应用

在地面拼贴中，红尺、蓝尺的概念被广泛应用。市面上大多数地砖的尺寸均与红尺、蓝尺中的数值有所对应。通过将不同材质或不同尺寸的地砖进行拼贴，可以形成一个有规律的整体。

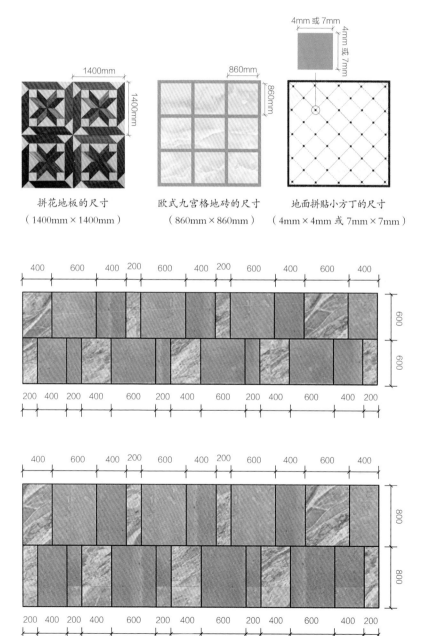

拼花地板的尺寸
（1400mm×1400mm）

欧式九宫格地砖的尺寸
（860mm×860mm）

地面拼贴小方丁的尺寸
（4mm×4mm 或 7mm×7mm）

▷ 横向上的尺寸有200mm、400mm、600mm 三种排列组合形式，竖向上的大小以地砖常见尺寸600mm、800mm 为例进行统一，只在横向上做变化，整体拼贴形式统一。

建筑中的红尺、蓝尺应用

模度系统诞生自 20 世纪，特别是 20 世纪 50 年代后，柯布西耶将其作为一种重要的设计工具，在实践中加以应用，例如，在马赛公寓、昌迪加尔高等法院、朗香教堂的平面设计中，模度系统都不同程度地发挥了其比例控制的作用。

马赛公寓

◁ 马赛公寓被设计者称为"居住单元盒子"，运用重复的手法增强建筑的秩序感，也采用了模度中的 15 种尺寸，从整体布局到家具设计，几乎都运用了这些数值，公寓建筑全长 140m、宽 24m、高 56m，单层净层高为 2260mm，楼板厚度为 330mm，一个单元的净开间为 3660mm。公共走廊宽度为 2960mm，楼梯及门的宽度为 86mm，这些看似自由布局的屋顶设施与构筑物的尺寸、遮阳立面的尺寸等，其实都是遵循模度数值设计的。

字母编号	长度（cm）	尺寸属性（红、蓝色系列）		说明
A	33			板的厚度
B	43			带有防渗条屋顶的厚度
C	86			鼓风机基座高度
D	113			分隔沙子游戏与健身器材子院子的墙的高度
E	140			矮墙高度
F	183			各种墙的高度
G	226			母亲沙龙的高度
H	296			酒吧
I	366			儿童浴场的长度
J	479			体育文化厅的高度
K	775			浴场的长度
L	1253			体育文化厅北边宽度
M	1549			体育文化厅南边宽度
N	1775	1549（蓝）+226（蓝）		蓄水塔与电梯井的高度
P	828	775（红）+53（蓝）		蓄水塔与电梯井的宽度
R	592	592（红）+53（蓝）		蓄水塔与电梯井的深度

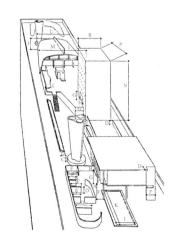

昌迪加尔高等法院

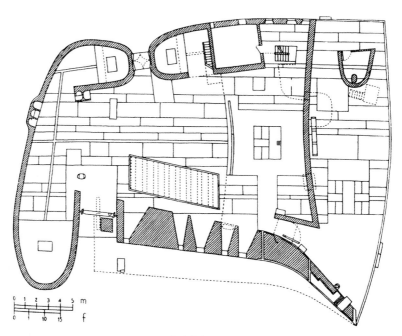

朗香教堂平面图

<table>
<tr><td>上
下</td><td>上</td><td>昌迪加尔法院建筑由11个连续拱壳组成，这些拱壳兼具遮阳和排水的功能，下部架空的位置有利于气流的通畅，采用了4×2260mm=9040mm的高度，建筑表面有着大小不一的凹龛，部分还涂着红、黄、蓝、绿等亮眼的颜色。</td></tr>
</table>

上　昌迪加尔法院建筑由11个连续拱壳组成，这些拱壳兼具遮阳和排水的功能，下部架空的位置有利于气流的通畅，采用了4×2260mm=9040mm的高度，建筑表面有着大小不一的凹龛，部分还涂着红、黄、蓝、绿等亮眼的颜色。

下　朗香教堂的平面整体虽然是异形，可是内部却是用规矩的方形和矩形进行分割，且这种方形和矩形都是按照一定规律进行排布的，它们的尺寸都是根据模度中的尺寸及比例进行设计的。

柯布西耶辅助线

柯布西耶辅助线的由来

　　柯布西耶在《走向新建筑》一书中探讨了采用辅助线来创造建筑美感和秩序的重要性。他认为辅助线是"灵感爆发的决定性力量，是建筑生命力的关键因素"。辅助线的作用实际就是利用一定的比例关系建立辅助线，以此来决定建筑高度及宽度的比例。辅助线不拘泥于直线，任何几何形式的线都可以做辅助线，如圆形、等边三角形等，以及一些特殊的直线关系，如平行线、垂直线等。

　　可以说，柯布西耶提出的辅助线给设计师在设计中点亮了一盏指路灯，他告诉设计师在设计时如何在保证功能性的基础上同时保持美感。在柯布西耶提出的模度当中，有两种最基本的辅助关系：平行线和垂直线，两种相关的辅助线之间要么互相平行，要么互相垂直。

　　"辅助线是建筑不可或缺的因素，是建立秩序的必要条件，它能确保避免随心所欲，使人明了并获得满足。辅助线能成为引导工作的指引，但不是一个秘方。选好辅助线并良好地表现它与建筑创作密不可分。"

——勒·柯布西耶《走向新建筑》（1931）

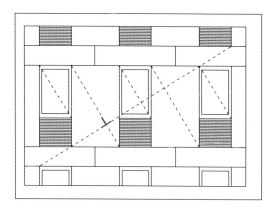

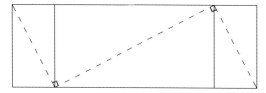

辅助线之间互相垂直关系

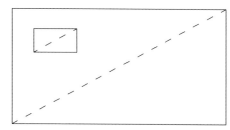

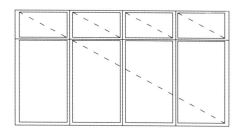

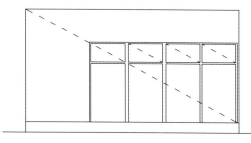

辅助线之间互相平行关系

柯布西耶辅助线的设计应用

　　柯布西耶辅助线在 20 世纪通常用于建筑设计当中，发展至今，辅助线也被广泛应用在不同的设计之中。以柯布西耶辅助线为依托，设计师可以令设计变得系统和有序，并从无从下手的思维中跳脱出来，根据辅助线去寻找设计的切入点，从而更好地进行设计。

◧ 建筑中的柯布西耶辅助线

　　建筑设计中最早引入辅助线，欧洲大量的建筑都运用了柯布西耶辅助线。借助不同的辅助线，中世纪时期的建筑在美观的同时，又具有一定的规律性。

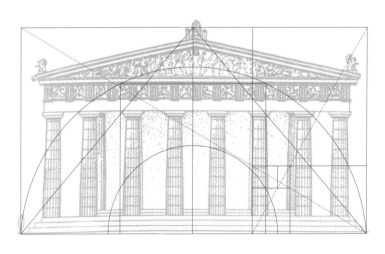

◁ 以帕提农神庙为例，简单分割的辅助线，可以决定高度及宽度的比例，并能明确柱子的放置位置，以及柱子与外立面的比例。建筑物外立面符合黄金分割矩形比例，对角线与中线交叉点即楣梁所在的位置。

△巴黎圣母院主要通过斜跨整个立面的对角线做辅助线来确定建筑每层的高度，同时，通过两个相同大小的半圆来确定其立面的整体宽度，建筑的中心位置有一个圆形的巨大花窗，其直径为半圆直径的1/4，两者之间存在着一定的比例关系。

■ 室内空间中的柯布西耶辅助线

柯布西耶辅助线有多种形式，弧线、三角形、四边形、平行关系、垂直关系等，都可以为室内空间、家具等的分隔提供设计依据，给设计增加了合理性的同时，也显得十分美观。室内空间中大部分的分割都会采用垂直的关系，合理寻找其中线条之间的关系，让空间变得更加协调、美观。

▽ 壁炉的整体墙面是由一个矩形做的整体，将矩形的长边进行黄金分割成两个矩形，整体矩形的对角线与小矩形的对角线形成了垂直的关系。

上　柜子的整体矩形对角线和以开放格为分隔的小矩形的对角线的延长线呈垂直关系。

下　开放格的对角线和柜子的对角线相交，两者呈垂直关系。

▌网格系统

网格系统的由来与演变

　　网格系统是平面设计理论中，关于版式设计的经验总结成果。其是运用数字的比例关系，通过严格的计算，把版心划分为无数统一尺寸的网格。虽然网格系统是平面设计领域的经验总结成果，但是，美都是相通的，网格系统中的理论依据完全可以支撑其应用在室内设计中，以此来找到矩形的黄金分割点。

利用网格系统找到黄金分割点的方式：

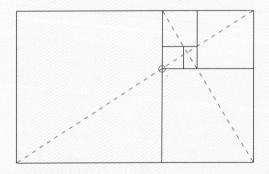

△ 黄金分割点是指黄金分割矩形内接正方形与另一个竖向黄金分割矩形内接正方形的交会点。如上图矩形中的黄金分割点就是圆的圆心。

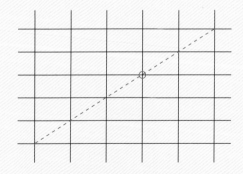

△ 在同一矩形中，用 5×5 的网格形式，也能够找到黄金分割点，如左图中圆的圆心。上图中黄金分割点位于网格从右数第二列和从上数第二行的交点位置。不论矩形的比例是什么，绘制左下至右下方的对角线都能通过这个点。

常用的网格除了 5×5，还有 3×3 的网格形式，相对而言，3×3 的网格形式的灵活性更高。

■ 3×3 网格——均分式

这种 3×3 的均分网格属于欧洲古典做法，即三段论。在欧洲古典主义时期将三段论发展到了极致，也就是将建筑立面的纵向和横向都分为均等的三段，且建筑左右对称，表现出古典主义建筑的理性美，凡尔赛宫就是最好的例子。

▽凡尔赛宫从横向和纵向上都被均匀地分成三份，同时，以建筑的中线为轴做对称处理，造型轮廓整齐、庄重雄伟，是理性美的代表。

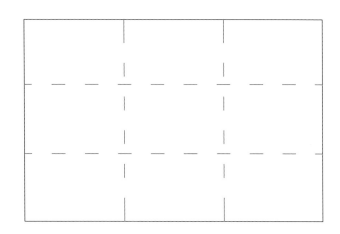

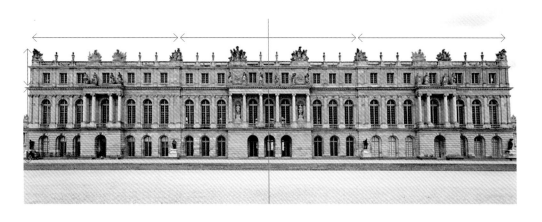

■ 3×3 网格——黄金分割线式

在一个普通的矩形中，还可以利用黄金分割线的比例关系来划分出 3×3 网格。如下图所示，在每条边上找出黄金分割点，且将相对边上的黄金分割点连接起来，再根据每条边的中心做中轴对称，可得出 3×3 网格，即矩形长边和宽边的比例均为 1：0.618。这种网格形式既具有数学之美，同时又具有均衡之美，这种网格系统多应用于家具隔层的位置分布上。

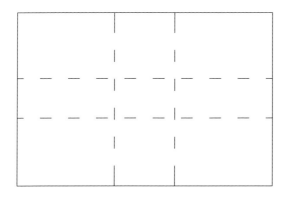

■ 3×3 网格——16：9 式

这也是一种较常用的 3×3 网格系统，该网格的特殊性在于整体长宽比为 667：375，约等于 16：9，常用的电子产品都是按照这个长宽比进行设计的，如手机。这种中间窄，两边宽的九格网格在室内设计中常应用于家具的分割上。

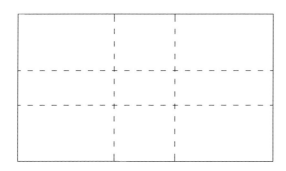

　　下图中的四个矩形在设计中比较常见，其长宽比分别为 3∶2（常见的矩形比例）、4∶3（勾股定理中两条直角边的比例）、16∶9（电子数码用品的常用比例）以及 1∶1（最特殊的矩形，即正方形的比例），这四种比例占设计中所有比例关系的 90% 以上。

　　在每一个矩形中，连出两条对角线，并做四条辅助线，辅助线分别通过矩形的四个点且与其相应的对角线垂直，即可得到四个点。连接上下两个点，并延长至与长相交，可以发现，该线即为与其垂直的边线的黄金分割线。这四个点的位置，其实是在大比例（即四个矩形的比例）中找了一个小比例（黄金分割比）。这些点对设计有一定的辅助作用，可以帮助设计师将设计的亮点或者特殊的设计放在 4 个点或者其中的某一个点上，这样设计出来的作品富有理性之美和秩序感。

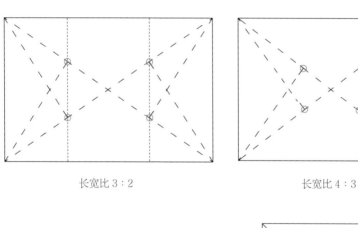

长宽比 3∶2　　　　　　　　　　　　　　　长宽比 4∶3

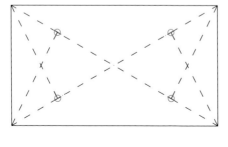
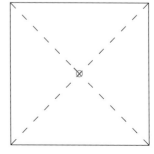

长宽比 16∶9　　　　　　　　　　　　　　长宽比 1∶1

网格系统的设计应用

　　运用网格系统中的交点和辅助线，不仅可以令整体设计的构图更加和谐，还可以找到设计时的重点区域或位置。例如，在黄金分割点的位置可做亮点设计，使人视觉中心放在该位置上，让整个设计有强弱对比，且富有一种理性之美。

上
—
下

上　将家具等分为 3×3 的网格形式，左右两侧的三格是对称的，为放置电视机，
　　中间部分则做了不一样的分隔。

下　将电视墙面的纵向和横向分别分为 5 等份，即可得到 5×5 的网格形式，这
　　样就可以找到电视墙面整体的黄金分割点的位置，在该位置放上金色的摆
　　件，作为整个深色电视墙的亮点，同时，在其对角线上设计金色不锈钢材质
　　的抽屉。金色抽屉与金色摆件相互呼应，同时，不锈钢材质弱化了抽屉的存
　　在感，不会让整个墙面出现过多的亮点。

△电视柜是由左右两侧的黄金分割矩形组合而成的，其层板的位置既是竖向矩形中的黄金分割线，也是 3×3 网格线。

△电视柜中最间矩形的黄金分割线与 3×3 网格线重合，这就确定了层板的位置。

第二黄金法则

造型与图案设计

Modeling and Pattern Design

造型和图案设计是室内设计中关键的一环，在有限的空间中，设计感都是从造型或者图案中体现出来的，具有功能性的造型能够给人营造舒适的生活环境，具有美感的图案能够为生活环境增添情调和色彩。本章讲述了造型和图案设计的灵感来源，主要对红蓝格、建筑格、赛博格、皮亚诺曲线以及谢尔宾斯基三角形五种具有规律性的造型进行了说明。

红蓝格

红蓝格的由来

　　"红蓝格"取自蒙德里安所著的《红、黄、蓝构图》。蒙德里安是荷兰画家，风格派运动幕后艺术家和非具象绘画的创始人之一，对后世的建筑、设计等影响很大。他是几何抽象画派的先驱，多次提到"抽象艺术的首要和基本的规律是艺术的平衡"，其抽象画排除了任何曲线，画面上的色块都离不开直角。《红、黄、蓝构图》作为大师的经典作品，我们可以归纳其中蕴含的美学结构，学习大师的手法，并将其灵活运用在室内设计中。

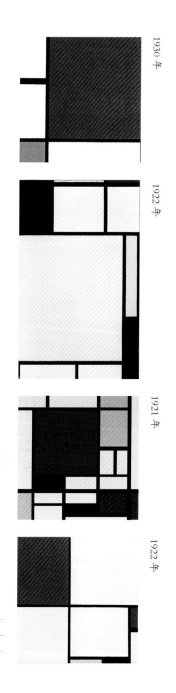

1930 年

1922 年

1921 年

1922 年

蒙德里安《红、黄、蓝构图》
经典作品解析 ▶ ▶ ▶

扫码获取更多蒙德里安《红、黄、蓝构图》图示

一　蒙德里安几何抽象风格的代表作，图中粗重的黑色线条控制着七个大小不同的矩形，结构非常简洁。画面主导是右上方的鲜亮红色，面积巨大且色度极为饱和。

二　画面偏重于作品顶部的设计，上下比例并不均匀。画中的黄色方块巧妙地被黑色的方块填充了部分空间，而画作顶部的红色、白色方块好像快要被"驱逐"到画布外围去。

三　画中的黑色线条代表现代生活的起落节奏，分割出分别由基础色填充的矩形；占主导的巨大红方块被其他颜色的矩形包围，构成整体和谐的画面感。

四　作品底色中性的灰色，布置线条方正、色彩浓重的方块和矩形，再加上原色的矩形，衬托出黑与灰。方格式构成空间，创造出一种以紧密的彩色矩形和线条结构相统一的画面。

一｜二｜三｜四

从《红、黄、蓝构图》的系列图片中可以提取出比例关系整体或局部，通过变形、演绎，得到众多图形关系，这种分割的方式可以直接应用在室内设计中，为空间界面及家具的造型图案设计提供灵感来源，以及一定的比例支撑。

/ 根据蒙德里安《红、黄、蓝构图》提取的造型、图案、比例元素 /

红蓝格的设计应用

将从《红、黄、蓝构图》中借鉴的比例元素融入空间的界面造型中，可以令空间的整体设计和谐统一。但对于不同界面，应根据空间的需求做一定的简化或者延伸，只有保持一定的比例，空间的设计才不会过于杂乱和无序。

▨ 空间界面拼贴方式的运用

作为居室的主空间——客厅，其电视背景墙的拼贴，运用红蓝格的造型设计可以体现出现代感。而在卧室中，其墙面、顶面以及床头板的设计，可以采用不同的红蓝格分割形式，面积最大的顶面其分割块可以大一些，墙面次之，最小的床头板分割应更为细致以体现韵律感。也就是说，大空间的设计偏向简单，细节上的繁复设计则可以优化空间环境。

红蓝格在室内设计中的案例解析 1 ▶ ▶ ▶

△通过一定的比例关系将壁炉上方的整面墙体分成了 7 个部分，沿用了从格子画系列中提取出的比例关系中的一种。

△顶面同样沿用了跟电视背景墙相同的比例关系，且贯穿整个顶面，并延伸到沙发背景墙，使客厅的两个墙面有了一定的连接，客厅空间也因此更加和谐统一。

△沙发背景墙上的砖块分割依然是根据相同的比例关系得出的，但墙面整体分割比电视背景墙和顶面更加细致，这是因为沙发背景墙面面积较大，细致的分割能在一定程度上丰富空间，但砖块也不宜过于小，否则，不能和电视背景墙以及顶面形成呼应。且墙面上只用了一个圆形装饰品来柔化棱角分明的墙面，材质、颜色与沙发相似，使客厅整体色调协调统一。

△吊顶和墙面的造型主要是通过红蓝格中的一些比例关系进行设计的，而床头板的构造则和床头柜的造型相呼应，也是通过红蓝格中的比例关系进行设计的，这些设计不仅美观，还具有一定的数学魅力。

除了将画中的比例关系运用于拼贴方式上，还可以将其用在空间的部分结构造型中，丰富整个空间设计。针对不同的独立空间，在设计时可以选定空间中的某一结构，如墙面、顶面、地面等，运用不同的比例关系进行分割，形成多个不同大小的矩形，对于分割出的矩形，设计师也可以给它们设计不同的高度，达到设计效果变化多样的目的。

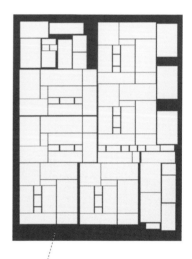

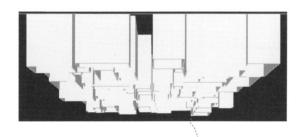

△从平面图中可以看出餐厅顶面的造型整体分为两种：长方形和正方形，而它们的分割方式相同，只是大小略有不同，因此，整体造型和谐而统一。且方块造型的格子以高低不一的方框的形式出现在顶面上，给简单的餐厅空间增强了造型感。

△餐厅空间的地面上采用带有韵律感和比例关系的拼贴方式，与顶面造型相呼应。相比于顶面的复杂造型，地面的造型更加简单和有序。

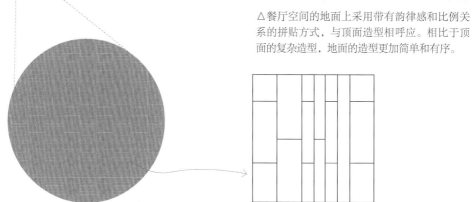

■ 家具结构上的运用

　　《红、黄、蓝构图》的系列画中包含着丰富的比例关系，迄今为止，哪怕数学家都没有完全提取出其中的具体关系，但是，设计师可以从中提取任意的比例关系或者分格结构，将其运用到家具的结构设计中。在设计时，设计师也要考虑到分格的实用性，可以参考人体工程学的相关数据，对分格形式进行相应的改动，如此，可以让家具兼具实用性和设计感，并具有独特性。

△《红、黄、蓝构图》系列画作中，每个矩形之间都有不同的比例关系，从上图中可以看出，同一个正方形，在将其分为矩形时，有多种不同的分格方式，这些都值得设计师们学习和参考。

△选取画中方形与矩形相连的部分，参考其线段的比例关系，按照重复的方式排列在柜子上，同时，柜子上、下两部分的分格采用错缝的形式，让柜子的设计不会显得呆板和生硬。

△将画中正方形一分为四的分格方式运用在柜体上，同时，针对柜子的使用情况进行加工和调整，对最小的格子进行凹陷的设计，让柜子设计有了立体感与设计亮点。

▌建筑格

建筑格的由来

　　建筑格是由设计师研发出来的独特图案，其灵感源自设计师对一些能让人产生视觉错觉的图片。这些图片通过线条的组合或者颜色的深浅变化使平面中的物体产生立体感，参考其透视及颜色深浅的组合，研究出的一系列具有立体感的拼贴图案，被称为建筑格。

△利用透视的基本原则，用平面线条营造出具有高度的视觉错觉意境。

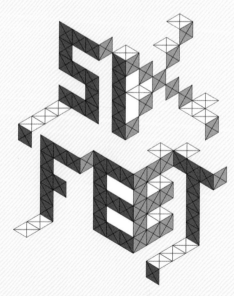

△不仅利用透视，还通过不同平面上方形颜色的深浅来增强方块的立体感。

建筑格模拟了正方体的立体形式，看起来仿佛大量立方体图形穿插在一起所构成的画面，令整个画面充满了立体感，这种建筑格可以应用在多种平面的结构当中，如顶面、墙面、地面等。在室内设计中，建筑格多用于地面的铺贴上，大理石的纹理可以让建筑格的立体感优势最大化发挥出来。

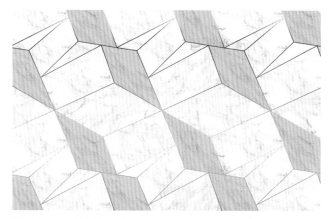

上
中
下

上　纯黑色的大理石纹理建筑格，金色的勾边能够凸显线条的形态，使颜色更深的整体图案具有一定的立体感，但是单一颜色的建筑格立体感比有深浅对比的建筑格立体感弱一些。

中　白色大理石纹理及浅灰色大理石纹理，让建筑格的立体感更强。

下　黑色大理石纹理与白色大理石纹理形成了鲜明的对比，让图案整体更具有立体感，同时，浅灰色纹理削弱了黑白视觉上的对比度。

建筑格的设计应用

■ 铺贴方式的运用

　　建筑格在空间的运用上通常都是铺贴的方式，贴在墙面或者地面上，给原本较为单调的空间增加了纹理感，在丰富空间的同时，也增强了设计感。

△深色地面和以深色为主的家具与浅色墙面搭配更为合理，会使空间明亮，避免暗沉。

△深色墙面与深色家具搭配合理，浅色地面和金色墙面饰品让空间形成明暗的对比，使空间不显单调。

△在餐厅的桌椅对应的
地面上采用建筑格的拼
贴方式，丰富了整体造
型略少的餐厅空间。

△小面积的隔断墙以单色出现在空间中会稍显单调，如果采用更具立体感的
深浅相间的建筑格拼贴，隔断墙及前面空旷的空间会更加丰富。

■ 空间结构的运用

　　除了铺贴的形式，还可以在顶面、墙面上做造型。比较常见的是选用带有"建筑格"图案的壁纸铺贴在墙面上，这样，利用壁纸中"建筑格"图案的走向进行空间延伸设计，使空间设计更具整体感，且具有融合感。

建筑格在整体空间中的设计案例解析 ▶ ▶ ▶

◁ 根据建筑格图案的边缘在顶面上设计 5 条灯带，灯带从顶面延伸到沙发背景墙上，用直线的形式打破背景墙中整面建筑格的单调形式，使整个客厅空间既存在着变化，也具有统一性；另外，客厅墙面铺贴浅色和灰色相间的建筑格壁纸，相比于浅色和深色相间的图案，这种图案能弱化背景墙，以突出电视和壁炉的存在感。适当弱化某些设计，能够使整体空间更加和谐。

△在卧室空间中，背景墙选用建筑格图案中的一小部分，并根据墙面大小和空间，设计出一个新的图案，将其和灯带造型结合在一起，颜色的分割线用灯带代替。形状和色彩上的区分，使卧室背景墙面增强立体感，整体空间不会因为色调或者其他因素而降低空间感。

1

不仅在墙面上，顶面上也用灯带做了类似的造型，只不过顶面设计不是用多种色彩，而是只用白色，这样的顶面不会显得花哨，更加符合整体低调奢华的空间风格。

2

家具也呼应空间中建筑格的使用，采用建筑格图案做表层设计。

3

地面上的拼贴图案也是建筑格图案，以矩形进行拼贴，由浅到深，给地毯整体做了渐变的设计，使地毯的造型完整。

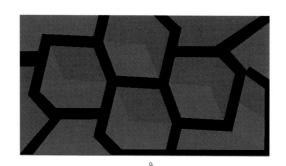

△这种建筑格的造型通过一定的规律可以设计出一个新的造型。例如，图中的隔断是根据建筑格的描边，省略中间的纹理和分割，做成一个镂空的造型，在遮挡视线的同时，让周围的空间更加通透。

赛博格

赛博格的由来

1818年，世界上出现了第一部科幻小说《弗兰肯斯坦》，其中提到了赛博格的概念，认为人的生死不再由上帝决定，人开始主宰自然世界。在长时间的演变下，赛博格成了打破认知的代表。

在"赛博格"时代，对"固有身份"的认知被彻底打破，人与人、种族与种族、男性与女性、自然与文明……这些曾经的、人为划下的界限，都逐渐淡化了。因此，"赛博格"文化的核心就是打破既有规则，改变现有文化、领域之间的界限。

在这一视角下，室内设计师的思维概念也不应被既定的认知所固化、局限。于是，在室内造型、图案中出现了一些打破禁锢、自由自在的形式，将科学、艺术和设计进行了完美结合。

注：在本书中将赛博格总结为跨界（打破行业间知识与运作壁垒，缔造更多可能性）；自由（解读不同性格的人对自由的认知）；反叛（勇于出位，不以传统"优秀"标准审判自我，不盲从于主流价值观）；孤独（解读中产阶级内心需求，逃离了庸俗与平凡后，向往自在的灵魂秩序）；唯美（坚持唯美至上的主张，将艺术、科学、设计完美结合）。

△ 2018 GUCCI "赛博格"秀场出位，创意总监 Alessandro Michele 用服装作为媒介，通过半人半羊、双生头等极强的视觉语言，引发对人性、未来、文化的解读，打开了后人类时代的幻想之门。

赛博格的设计应用

　　赛博格作为一种具有独特文化特色和风格的造型，常被应用在不同的设计领域中，如服装设计、家具设计、饰品设计及室内设计。在室内空间中赛博格多作为布艺、装饰品的装饰图案，起到装饰的作用。

■ 赛博格在座椅中的应用

　　赛博格在家居空间中的应用最先出现在布料上，且多体现在一些座椅的面料上。布料的图案包括人、自然、动物与机械，将其融合构成一个和谐的画面，其色彩艳丽，更加贴近自然界的颜色。

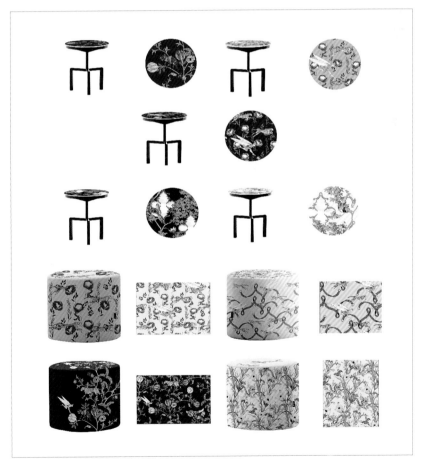

赛博格在座椅面料上的应用

△赛博格在座椅的局部运用，采用自然、鲜艳色调的赛博格图案给纯黑色的商务座椅营造了自然和动态的氛围。

■ 赛博格在硬质饰品中的应用

　　赛博格被广泛应用，在一些硬质饰品当中，随着不同潮流颜色的变化，硬质饰品的底色也随之变化，随着原本鲜艳的颜色进行了一定程度的转变，但是其重点图案还是由赛博格的基本元素构成。在室内空间中运用赛博格时，可以根据空间主色调而进行相应设计。

赛博格在盘子上的应用

■ 赛博格在家居空间中的配套应用

　　赛博格的在家居空间中的应用一般体现在软装和定制家具上。赛博格除了平面的图案形式，还以立体造型的形式出现在家居空间中，两者之间相互呼应，共同营造了自由的赛博格氛围。

上
—
下

上　客厅中采用比较经典的赛博格造型，其色彩和图案元素的
　　使用都更为大胆，同时，还使用部分真实的绿植和动物模
　　型在空间中做装饰，与布料中的多种赛博格元素相呼应，
　　让整体空间和谐统一。

下　在柜体的背板材料中添加飘带和豹子的元素，透过玻璃从
　　正面看柜子，仿佛看到豹子在飘带上跳跃一样，给静态的
　　家具增加了动感。

上
—
下

上　空间中重复使用飘带、丛林和豹子等动物元素，给空间中严肃沉闷的氛围中增添了生机。

下　在书柜的背板材料和表面材料中添加赛博格图案，面积虽小，却为色调较为单一的书柜增
　　加了色彩和跳跃感。

上　卧室中床品四件套的颜色大多采用沙发赛博格造型中的三个主要
颜色，及白色、浅粉色及绿色，互相搭配能够减少深灰色给床带
来的沉重感。墙面上的赛博格装饰画与沙发采用相同的图案，同
时也与床品互相呼应，给以白色调为主的卧室空间增添了活力。

下　卧室空间中设计带有赛博格元素的地毯、窗帘和书柜，给原本稍
显沉闷的灰色调空间增添了勃勃生机。

皮亚诺曲线

皮亚诺曲线的由来

　　1890 年，意大利数学家皮亚诺（Peano G）发明的能填满一个正方形的曲线，叫作皮亚诺曲线。后来，由希尔伯特做出了这条曲线，因此，该曲线又名希尔伯特曲线。皮亚诺对区间 [0，1] 上的点和正方形上的点的对应做了详细的数学描述。实际上，正方形上的这些点对于 t ∈ [0，1]，可规定两个连续函数 x=f$_{(t)}$ 和 y=g$_{(t)}$，使得 x 和 y 取属于单位正方形的每一个值。

　　皮亚诺曲线是遵循一定的数学规律而得出的一种可以填满正方形的曲线，其中蕴含着数学之美和理性之美，设计师可以根据其规律，选取局部图案将其运用到室内设计当中。

皮亚诺曲线的形态表现

皮亚诺曲线的设计应用

皮亚诺曲线是从数学中得出的形状，具有理性之美，可以给图案、地面拼贴、家具结构等设计提供一定的灵感。单纯地在空间中罗列皮亚诺曲线，会让空间设计过于理性，设计师可以对曲线进行针对性变形，采用皮亚诺曲线形成过程中的思维模式，可以得出更多的造型和图案。

▨ 室内装饰图案上的运用

皮亚诺曲线可以看作一个基本形状的重复组合，提取这个基本形状并根据空间的需要及设计师的思维进行变形设计，可以得出很多不同类型的图案，这些图案可以广泛应用在墙面、布料等各个方面。

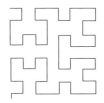

▷皮亚诺曲线变形后作为壁纸图案，以黑、金两种色调相间的形式来装饰墙面。

■ 地面拼贴方式的运用

　　根据皮亚诺曲线变形后产生的图形，可以作为地面的拼贴方式存在于空间中，可以部分采用此种拼贴方式来区分不同功能空间。

△皮亚诺曲线变形后作为石材或砖材的拼贴方式应用在地面中。

▓ 家具结构中的运用

在皮亚诺曲线上可以看出一些空白的存在，每个设计师对这种空白的区域都采用不同的组合方式，设计师可以根据自己的理解选取部分结构做书架的分隔设计，使书架具有特殊的韵律感的同时，也要注意尺寸的设计。

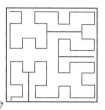

△选取皮亚诺曲线的一部分进行拆分。

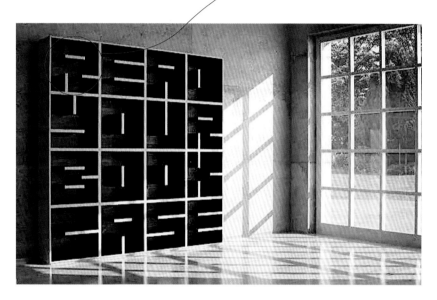

△根据书架的规格尺寸调整设计后，形成合理又具有美感和节奏感的简约书架。

谢尔宾斯基三角形

谢尔宾斯基三角形的由来

　　"谢尔宾斯基三角形"由波兰数学家谢尔宾斯基于 1915 年提出，是一种数学图形，可以看作由不同大小的三角形组合成一个最大的三角形，这些不同大小的三角形之间有着一定的比例关系。根据这个图形可以延伸出很多类似的具有韵律感的图形，其图形的大小、比例、连接方式等都是设计师可以提取的对象。

9 等分的谢尔宾斯基三角形

△谢尔宾斯基三角形，其本质就是不断四等分其中的部分三角形所得出的图形。同样的原理，9 等分三角形，依然可以得到相似的造型。

/ 谢尔宾斯基三角形的得出方法 /

❶ 取一个实心的正三角形。（一般用等边三角形）

❷ 将这个正三角形分为 4 个全等的小三角形。

❸ 去掉中间的 1 个小三角形，保留剩余的 3 个小三角形。

❹ 在剩余的 3 个小三角形上，重复第③步。

❺ 重复以上操作，即可得到谢尔宾斯基三角形。

① 取一个实心的正方形。
（一般用正方形）

取一个正方形，运用谢尔宾斯基三角形的构造方法。

② 将这个正方形分为 9 个完全一样的小正方形。

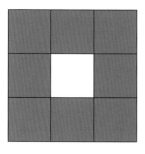

④

在剩余的 8 个小正方形上，重复第②、第③步的操作。

③ 去掉中间的小正方形，保留剩余的 8 个小正方形。

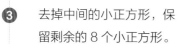

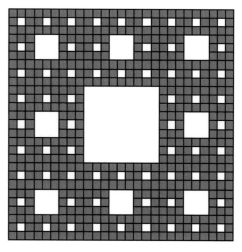

谢尔宾斯基四边形

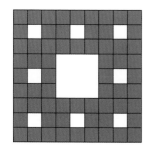

△这个谢尔宾斯基四边形也就是谢尔宾斯基地毯，这种形式也被二维码所参考和使用，且可以应用在地毯的实际设计中。

谢尔宾斯基三角形的设计应用

　　谢尔宾斯基三角形中的三角形是遵循等分的原则分割的，其大小的比例关系是根据份数而变化的，按照其比例设计图中的几何形，可以使不同大小的几何形设计有一定的依据，能够保证其协调性，而不是单纯地随意画出。

▓ 建筑表面上的应用

　　在建筑表面上可以通过开窗或者做立体造型的形式，让大小不同的几何形在建筑外立面体现出来。

◁ 建筑的窗户形状为三角形，同时这些三角形组合成一个大的三角形。整个建筑中共有三种大小的三角形，它们之间的倍数关系分别为 16：4：1，刚好是一般谢尔宾斯基三角形等分的比例关系。

上
下

上　建筑的表面采用半透明的材料，被铸造在米色玻璃纤维增强混凝土中，抛光后随机分布在建筑表面，隐隐可以透出室内的灯光。不难看出，其中的四边形的大小关系与谢尔宾斯基四边形的关系相符，只是将其中最大的四边形抽离出来，做随机的分布，这样的设计有序又有个性。

下　建筑表面采用 45 度不同大小的方形拼接而成，其大小比例参考了谢尔宾斯基三角形中的比例，它们疏密有序，在建筑表面形成带有动感的图形结构。

▦ 室内设计中的应用

在室内设计中，多采用谢尔宾斯基定律，以等分的形式分割其中的几何形后，为凸显个性、趣味，再将其中的几何形打散，重新组合并分布在空间中。可以将其运用在墙面上做装饰，也可以运用在家具中做分割。

▷ 根据谢尔宾斯基四边形的等分规律，共有三种大小的四边形，它们之间的比例 36：4：1，同时，将其疏密有序地组合在墙面中，总体上呈现放射状，使墙面整体更加具有节奏感并增强装饰效果。

第三黄金法则

色彩设计

Color Design

色彩是室内设计中重要的一部分，它能够表达设计师的情感、烘托氛围。室内的色彩设计需要一定的理论基础与技巧，而不是随意拼接，除了硬装上的色彩，家具、饰品的色彩搭配也非常重要，相同的色彩环境，其软装色彩搭配不同，室内的整体效果也会相应改变。本章主要讲述如何在室内空间中合理地搭配色彩。

孟赛尔色彩系统

认识孟赛尔色彩系统

　　孟赛尔色彩系统是被广泛接受的色彩测量体系，是由美国色彩学家——孟赛尔（Albert）创建的，该系统运用颜色立体模型来表示颜色。孟赛尔色立体是一个三维类似球体的空间模型，把物体各种表面色的三种基本属性全部表示出来。以颜色的视觉特性来进行颜色分类和标定系统，并按目视色彩感觉等间隔的方式把各种表面色的特征展示出来。

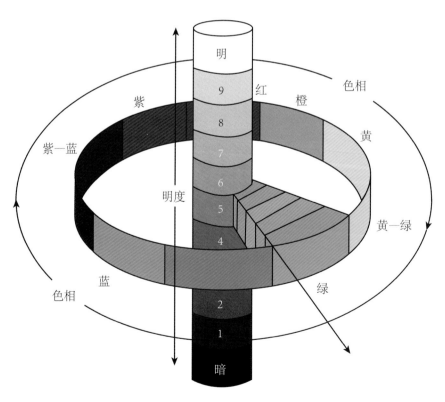

孟塞尔色立体解析图

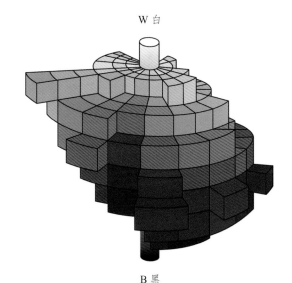

孟塞尔色立体俯视图

孟赛尔色立体根据色调关系、明度关系以及饱和度关系可以分为3部分进行研究。因此，也可以说在孟塞尔系统中，各种颜色都具有三元素：色调、明度和饱和度。孟塞尔色立体中色调的关系表现在色相环中，色相环以红（R）、黄（Y）、绿（G）、蓝（B）、紫（P）心理五原色为基础，再加上它们的中间色相，黄红（YR）、绿黄（GY）、蓝绿（DG）、蓝紫（PB）、红紫（RP）组成10个色相，按顺时针进行排列。

在孟塞尔色彩系统中，垂直轴表示明度，越往上明度越高，越往下明度越低，且以无彩色的黑白系列中性色的明度等级来划分。颜色离开中央轴的水平距离代表饱和度的变化，称为孟塞尔彩度。彩度也分成许多视觉上的相等等级。中央轴上的中性色彩度为0，离中央轴越远，彩度数值越大。

W 白

B 黑

孟塞尔色立体图

色彩的三大属性

色调（底色）

　　根据心理感受将颜色分为冷、暖两种色调，色彩的冷暖感觉是人们在生活体验中通过联想而形成的。像红、橙、黄等颜色往往使人联想到火焰、阳光，带给人温暖的感觉，因此被称为暖色；而蓝、紫色往往使人联想起夜空、海水、冰雪，给人凉凉的感觉，因此被称为冷色。

　　而色调是用于定义一种颜色的底色，它可能是暖色调的（黄色底调），也可能是冷色调的（蓝色底调）。凡是带有红、黄底调的颜色都可以称为暖色调的颜色。例如，红可以分为暖调子的红色和冷调子的红色，比如橘红、南蛇藤红、番茄红、铁锈红等，都泛黄调，所以是暖调子的红色；而玫瑰红、木莓红、西瓜红等，因为它们都微微泛蓝，所以是冷调子的红色。有冷调子的黄，如柠檬黄、淡黄等；也有暖调子的黄，如正黄、芥末黄等。冷调子的绿色有冰绿、海绿、青椒绿等；暖调子的绿有黄绿、浅苔绿、冬青绿等。蓝色也可以分冷暖调子，如偏绿或偏紫的蓝为冷调子的蓝；而带黄底调或红底调的蓝色则变暖，成为暖调子的蓝，其中纯正的蓝色是最冷的。最正的紫和绿则是既不冷也不暖的颜色，所以并不是所有的颜色都可以分出冷暖来，像橙色就只有暖调而没有冷调。

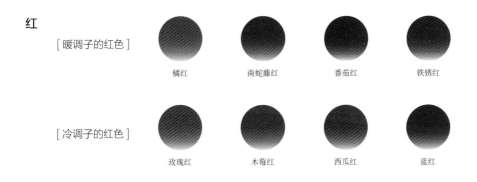

红

[暖调子的红色]　　橘红　　南蛇藤红　　番茄红　　铁锈红

[冷调子的红色]　　玫瑰红　　木莓红　　西瓜红　　蓝红

黄

[暖调子的黄色]

正黄　　　　　　　芥末黄

[冷调子的黄色]

柠檬黄

蓝

[暖调子的蓝色]

天青蓝

[冷调子的蓝色]

冰蓝　　　　　　水晶蓝　　　　　　粉蓝　　　　　　浅水蓝

铃兰色　　　　　长春花蓝　　　　　皇家蓝

绿

[暖调子的绿色]

黄绿　　　　　　浅苔绿　　　　　　冬青绿　　　　　橄榄绿

[冷调子的绿色]

冰绿　　　　　　海绿色　　　　　　青椒绿　　　　　蓝绿

云杉绿

明度（深浅）

明度，顾名思义，是指颜色的明亮程度，也可以理解为人们平时所说的颜色的深浅。蒙塞尔使用了 0-10 的等级来划分，其中黑色的色值是 0，白色则为 10，而所有的灰色深浅变化则介于两者之间。

最高 | 略高 | 中 | 略低 | 最低

明度色标图示

这种亮度和暗度的分级同样适用于衡量其他颜色的深浅。例如，可以设想向红色的颜料勾兑白色的颜料，白色加得越多，红色就越浅，越偏白，是一个红→浅红→粉→浅粉→白的过程，也就是把红色的明度提高了；如果是向红色里勾兑黑色，加的黑色越多，红色的本色就越深，是一个红→暗红→深红→黑红→红黑→黑的过程，这就是把红色的明度降低了。

红色向白色渐变的过程

所有的颜色都有高明度状态和低明度状态，即有浅色，也有深色。高明度（浅）的颜色显得清爽、明快、轻盈，低明度（深）的颜色深沉、暗亚、厚重。

红色向黑色渐变的过程

饱和度（纯度）

"饱和度"在色彩学上也称彩度或纯度，表示颜色的纯净程度，可以通俗地理解为彩色的浓和淡。饱和度的级别是 0-14，0 是最灰暗的，而 14 则是最纯净的。

一种鲜亮分明的颜色没有加入灰色成分时，呈现出最高纯度的状态，也就是人们所说的正红、正蓝、正黄、正绿等纯正的色彩，这些色彩鲜明、艳丽；加入灰色越多，纯度越低，色彩本身就越模糊，比如，红色的纯度降低就变成发灰的红，绿色纯度降低就变成灰绿等，色彩变得柔和甚至给人泛旧的感觉。

△纯色与白色混合，纯度降低，变得浅淡。

△纯色与灰色混合，纯度降低，变为带有灰调的色彩。

△纯色与黑色混合，纯度降低，变得深暗。

△纯色与补色混合，纯度降低，变为带有彩调的灰色系色彩。

另外，有些颜色比较鲜亮并且会反射光线；而有些颜色比较灰暗，并能吸收光线。同时，在家居软装中，织物的材质亦能决定是反射光线还是吸收光线，如绸缎会反射光线，毛织物会吸收光线。

上｜下

上　颜色偏亮的皮革或绸缎类滑面面料，会反射光线，从而形成一定的反光。

下　颜色偏暗的棉麻或毛织物面料，则会吸收大部分光线，几乎没有反光。

色彩的调性

认识色彩的调性

基于色彩的三个基本属性，所有的颜色都可以分为六大调性，即浅色调、深色调、暖色调、冷色调、净色调和柔色调。在调性相同的前提下，几乎所有的色相都可以互相搭配。

色彩的六种调性

浅色调

浅色调颜色以高明度至中等明度的轻浅色彩为主，也以浅色搭配浅色为主，如果要用深色，一定要有浅色与之搭配。浅色调颜色又分为浅暖型和浅冷型。

▨ 浅暖型

浅暖型是带有淡黄底调的清亮明快的颜色。在室内设计中，如果用到石材或金属装饰，金属装饰可以选择10-18K的黄金色，石材以米黄色为主。如果在空间中有局部的镶嵌，可以用黄水晶、蛋白石、羊脂玉、钻石、浅绿松石、珊瑚、黄珍珠等带有淡黄底调的材质。

扫码获取浅色调色板

✕

◁ 室内空间中的颜色多是浅黄色、浅绿色这类浅暖色调的颜色，而画框的黑色则多与深色调相搭配，在此空间中显得过于沉重和突兀，破坏了卧室空间浅暖的氛围。

○

色彩季型：

浅暖

画框更换颜色：

米灰

米灰

◁ 将图框的颜色改为米灰或金色后，更加贴合空间的整体氛围，且米灰和金色都是浅暖色调中的颜色，一个空间内使用同一色调的颜色相互搭配会使氛围更加和谐。

◾ 浅冷型

　　浅冷型是带有浅灰蓝底调的轻柔淡雅的颜色。室内
设计中，如果用到石材或金属装饰，应以磨砂、哑光不
锈钢、白金、白银为主，石材则以浅灰色为主。如果需
要进行局部镶嵌，可以用色泽浅淡的红蓝宝石、蛋白石、
羊脂玉、钻石、水晶等进行装饰。

△ 客厅中的颜色大多采用浅粉、浅灰以及浅紫色的浅冷色调，而地毯的绿色则是带有黄色底调的浅暖色调，与空间中整体偏冷的色调不符。

色彩季型：

浅冷

地毯更换颜色：

海绿

海绿

△ 将地毯的颜色改为色调偏冷的海绿色，颜色虽偏冷，但也不会过深，十分贴合客厅清浅、干净的氛围。

深色调

深色调颜色是中等明度至低明度的颜色，强调色彩浓重，搭配上也要突出绚烂、浓烈的效果。深色调颜色又分为深暖型和深冷型。

扫码获取深色调色板

■ 深暖型

深暖型色彩是深沉浓重的黄底调颜色，有种深秋季节大自然的味道。室内设计中，如果用到石材或金属装饰，可选择泥金、哑金色等，石材可以用土黄和深米色等。如果做局部镶嵌可以用琥珀、玛瑙、黄玉、玳瑁、红宝石、祖母绿等进行装饰。

△客厅以深绿色为主色，辅以棕色、灰色搭配来丰富空间，但是浅紫色的抱枕颜色偏浅，与厚重的整体风格不符。

色彩季型：深暖
靠垫更换颜色：紫色

紫色

△深且偏暖色的紫色会更加适合深暖型的客厅空间，太浅的颜色会过于突出、抓人眼球，导致无法看到空间中的其他物体。

■ 深冷型

　　深冷型色彩是蓝底调的浓烈、深沉的颜色，通常适
用于反差强烈的对比搭配。室内空间中一些勾边或者边
框类细小的地方，采用有光泽的白金、银色、不锈钢，
会更加契合深冷色调的空间。若是使用地面或者墙面石
材也多以深灰、黑色为主，如果有需要局部镶嵌，可以
用色泽浓艳的蓝宝石、红宝石、钻石、祖母绿等色彩进
行装饰。

▷ 客厅中用深蓝色做背景墙，辅以白金色和白色进行搭配，但是紫色抱枕和花瓶颜色过浅且偏暖，与偏冷的沙发搭配有些显脏，旁边黄棕色的座椅则过暗、过暖，显得没有光泽度，视觉效果不好。

色彩季型：
深冷

花瓶、抱枕更换颜色：
皇家紫

座椅更换颜色：
黑棕色或正黄色

皇家紫　　　黑棕色　　　正黄色

▷ 在深冷型空间中，皇家紫够深，其深度与墙面和沙发相匹配，而座椅则可以选择更亮眼的正黄或者能够压住整个空间的黑棕色，与其他空间搭配得更加和谐。

暖色调

暖色调颜色强调所有的颜色都体现出温暖的黄底调特性，以中等明度为主。暖色调颜色又分为暖亮型和暖柔型。

扫码获取暖色调色板

◤ 暖亮型

暖亮型颜色是明快、鲜亮、清浅的黄底调色系，像春日里阳光下的花园一样，嫩绿、桃红、鹅黄，一切都是鲜嫩的。具有高亮泽度的黄金饰品非常适合暖亮型色调的空间。

△暖亮型客厅中沿用的颜色多为较暖的黄色以及橙色，深蓝色沙发偏冷，与暖色空间格格不入。

色彩季型：

暖亮

沙发更换颜色：

水蓝色

水蓝色

△水蓝色比深蓝色更偏暖，且颜色更亮，与浅蓝色墙面相呼应。

■ 暖柔型

　　暖柔型颜色在秋天的大自然中最容易找到，发黄的叶子，金色的麦田，树干，变得干枯的苔藓，满山的枫叶，熟透的红苹果、金橘等，这些事物表现出的色彩，均可以称为暖柔型色彩。

△书房中颜色多以木色为主，颜色柔和且较灰，而绿色抱枕则过于艳丽，与旁边的绿色凳子颜色不匹配。

色彩季型：暖柔
靠垫更换颜色：苔绿色

苔绿色

△抱枕与凳子采用相同的苔绿色，相互呼应，同时苔绿色比原本的绿色更加柔和，更加贴合书房的氛围。

冷色调

冷色调颜色不强调明度，深深浅浅的颜色都可以，但必须都是蓝底冷调的。冷色调颜色又分为冷亮型和冷柔型。

扫码获取冷色调色板

■ 冷亮型

冷亮型颜色是艳丽、纯正的冷色调颜色，闪闪发光的白金、白银、不锈钢材质均为冷亮型色调，但这些材质不适合跟原木色搭配。室内设计中，如果做局部镶嵌，可以用色泽明艳的红宝石、蓝宝石、祖母绿、绿松石、翡翠绿、钻石白等，总之，选择的一切材质最好都散发出冷冷的光芒。

▷地毯的黄绿色属于暖色调，与冷亮型空间搭配会产生违和感。

色彩季型：
冷亮

地毯更换颜色：
柠檬黄或蓝绿色

柠檬黄

蓝绿色

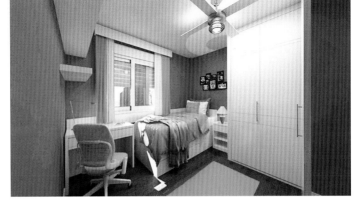

△地毯可以改为柠檬黄或者蓝绿色，跟空间中床或窗帘的色彩相呼应，同时也避免空间中颜色过多而显得空间过乱。

■ 冷柔型

冷柔型颜色是中等至偏低纯度的蓝底调颜色，不会太过艳丽鲜亮，但也不会过于灰暗，最重要的是不是偏暖的调子。如果用到石材或金属装饰，最好以哑光的白金、白银、不锈钢系列为主，石材则以白色、灰色、粉色为主。如果局部镶嵌，可以用深深浅浅的红宝石、蓝宝石、绿宝石，粉水晶、紫水晶，乳白色的珍珠，天然的石头、贝壳等进行装饰。

△卧室空间中以紫色调为主，颜色偏冷且有一定的灰度，但坐墩的颜色为亮粉色，与空间整体氛围不符。

色彩季型：
冷柔

座墩更换颜色：
雾粉色

雾粉色

△沿用原有的粉色，将亮粉色纯度降低，灰度升高，改为雾粉色，这样与柔和的空间更加匹配。

净色调

　　净色调颜色是纯度很高且极端的颜色。净色调颜色又分为净暖型和净冷型。

扫码获取净色调色板

▨ 净暖型

　　净暖型颜色不太强调色彩的冷暖调子，只要颜色明快、鲜亮、耀眼就好。所有闪闪发光的物件表现出的颜色均可看作净暖型颜色。

△卧室空间内色彩都非常鲜亮，但深灰色的被罩把空间的鲜明感降低了，影响了空间的整体设计效果。

色彩季型：

净暖

被罩更换颜色：

紫罗兰色

紫罗兰色

△将被罩颜色改为纯度更高的紫罗兰色，与明亮的空间相搭配，不会像深灰色一样带来沉闷感。

▇ 净冷型

　　净冷型颜色是冷色调的，且色彩饱和度高，是抛光的
白金、白银、不锈钢等金属表现出的色泽。这些材质同样
不太适合搭配原木色。如果做局部镶嵌，可以用钻石、水
晶、蓝宝石、红宝石、翡翠、祖母绿等进行装饰。

室内配色正误解析 ▶ ▶ ▶

△卧室空间中使用的都是饱和度很高的白
色和蓝色，灰绿色的窗帘饱和度较低，破
坏了空间中明亮的氛围。

色彩季型：净冷
窗帘更换颜色：青椒绿

青椒绿

△将饱和度低的灰绿改为饱和度
较高的青椒绿，迎合空间整体明
亮的氛围。

柔色调

柔色调颜色是柔和、雅致的中等深浅的色彩，纯度不高，每种颜色中都有灰色的底调，也就是生活中那些说不清、道不明的混浊颜色，这也是大多数设计师喜欢的色调。柔色调颜色又分为柔暖型和柔冷型。

扫码获取柔色调色板

◨ 柔暖型

柔暖型颜色是偏暖调子的中等明度的混合色。搭配时应回避冷暗的颜色，比如海军蓝、黑色等。适合用光泽感不强的合金、玫瑰金来表现，很适合与原木搭配。如果做局部镶嵌，可以用黄珍珠、黄玉、浅色的玛瑙、琥珀，色泽柔和的珊瑚等进行装饰。

▷ 客厅空间整体以木色、米白色为主色，色调偏暖，且色彩也较为柔和，但是紫色的座椅颜色过冷，与暖色调的空间氛围不符。

色彩季型：
柔暖

座椅更换颜色：
炭灰蓝或浅长春花蓝

炭灰蓝

浅长春花蓝

△ 将座椅的颜色改为抱枕的浅长春花蓝，可以与抱枕相互呼应，或者改为更深的炭灰蓝，都能与柔暖型空间相匹配。

▨ 柔冷型

　　柔冷型颜色每种都带有灰蓝底调，冷静柔和、雅致平实。若喜欢磨砂、哑光的效果，尽管用这类颜色，可以用磨砂白金、白银和不锈钢材质来表现。如果做局部镶嵌，可以用蛋白石、羊脂玉、粉水晶、玫瑰红宝石、绿玉等进行装饰。

室内配色正误解析 ▶ ▶ ▶

◁ 空间颜色以浅紫色或蓝紫色为主色，色彩都较冷，且带有灰色调，但挂画中除了带灰色调的粉色，绿色太过艳丽且偏黄，在墙面上过于突兀，容易让人过于关注挂画，而忽略了空间中的其他存在。

色彩季型：
柔冷

挂画更换颜色：
绿玉色

绿玉色

◁ 将挂画中的绿色改为带有灰蓝色调的绿玉色，与空间整体色调和谐又统一。

第四黄金法则

光环境设计

Light Environment Design

由于"光"是一个概念化产物,理解起来相对困难,但实际上,光有其特有的"情绪",这种"情绪"直接影响到空间居住者的情绪。而室内照明设计的目的是通过光来营造令人舒适、愉悦的室内空间环境,并通过对自然光、人造光、照明设备的应用,达到节约能源,以及使科学与艺术融为一体的目的。

光的物理属性

光的物理属性也就是光在物理学领域的基本概念，如光通量、照度、色温等，这些与照明质量有着密切的联系。想要营造出舒适、理想的光环境，需要正确地认识并处理好这些与光有关的要素。

光通量

光通量是根据辐射对标准光度观察者的作用导出的光度量，简单而言，是指单位时间内，由一光源所发射并被人眼感知的所有辐射能量的总和。通常用 Φ 表示光通量，其单位为流明，符号为 lm。

照度

照度是指被照面积上的光通量的流明数，单位是 Lx（勒克斯），1Lx=1 流明 / 平方米，人们常说的桌面够不够亮，往往就是指照度够不够。但是，照度只是表示亮度程度的一个标准，与感受到的明亮程度不是一个概念。人感受到的亮度还会受到被照物反射系数的影响，所以在做照度规划时，自身反射系数低的被照物，需要搭配照度较高的灯具。

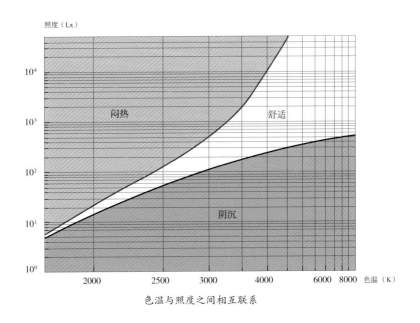

色温与照度之间相互联系

◼ 色温

色温是指一个黑子（通常可以将太阳视作黑子）在不同温度下所发射出来的光色，即人眼感受到的颜色变化，用来表示光源光色的尺度，单位是 K（开尔文）。

暖黄光
色温3000K

自然光/暖白光
色温4000K

冷白光
色温6000K

◼ 光效

光效即发光效率，是指灯具单位能量所能产生的光通量，是对能源利用效率的表述，单位是 lm/W（流明／瓦）。发光效率越高代表其电能转换成光的效率越高，即发出相同光通量所消耗的电能越少，所以选择节能灯泡时，应该以发光效率的数值来做最后的判断。

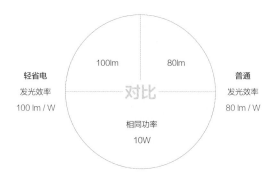

◼ 发光强度

发光强度表示光源在一定方向和范围内发出的人眼可感知强弱的物理量，是指光源向某一方向在单位立体角内所发出的光通量。常用 I 表示放光强度，国际单位为坎德拉，符号为 cd。

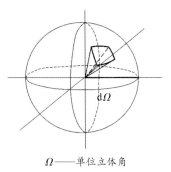

Ω——单位立体角

▨ 显色性及显色指数

　　显色性是指光还原物体本身色彩的能力，不同光谱的光源照射在同一颜色的物体上时，所呈现不同颜色的特性。显色指数（Ra/CRI）是人为地将不同光源散发出来的光用数字来区分其显色性的优劣。光源的显色指数愈高，其显色性能愈好，太阳的显色指数是 100，目前，国内以及大部分国家的显色指数要求要超过 80，而在实际应用中，90 以上的显色指数光源更受欢迎。

常见光源显色指数

光源名称	一般显色指数	色温 / K
白炽灯（500W）	95 以上	2900
卤钨灯（500W）	95 以上	2700
荧光灯（日光色 40W）	70~80	6600
高压汞灯（400W）	30~40	5000
高压钠灯（400W）	20~25	1900
大功率 LED 灯（1W 以上）	70~92	5600

▨ 光束角

　　光源垂直向下照射时，正下方光照最强，即光束主轴。光束角是指由光束主轴两侧发光强度为光轴 50% 的两条界线的夹角。

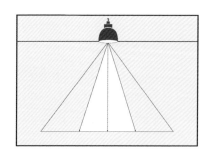

▨ 配光曲线

　　配光曲线是指光源（或灯具）在空间各个方向的光强分布。常见的配光曲线有以下三种。

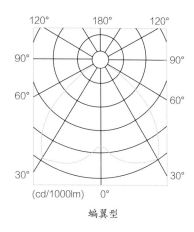

蝙翼型

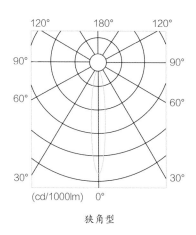

狭角型

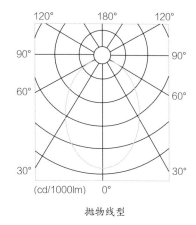

抛物线型

■ 功率

功率是指灯具所释放或消耗能量的指标，功率有光源功率及整灯功率之分，整灯功率一般大于光源功率。两者之间的差别在于，整灯功率含变压器，会占消耗一部分能量。

■ 统一眩光值

眩光是指光发射后，对人体造成不适影响的光。眩光的种类较多，如直视太阳、迎面驶来的汽车等。可以说，任何光源都可能产生眩光，不同的观察角度，对人的影响也不同，因此，我们统一将眩光值的评定标准设定为人眼平视前方，与光源发光面呈45°角所观察到的眩光。此处的眩光可以对齐进行分级，由此产生该光源的统一眩光值（UGR）。一般情况下，UGR < 22为可接受，实际执行中，UGR 通常以小于 19为较理想型。

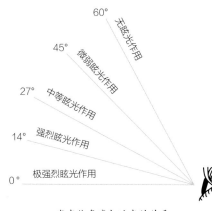

发光体角度与眩光的关系

照明方式与照明手法

灯光的照明方式

根据灯具的照射方式、环境以及被照物的不同，灯光的照明方式可分为一般照明（基础照明）、重点照明、装饰性照明、立面照明四类，这四类照明方式的作用和用法均不同。一般照明通常用作空间的主灯，为空间提供均匀的照度；重点照明则是对重点的装饰部位进行局部照明，让空间在照度上具有层次感；装饰性照明则用于烘托氛围；立面照明则可以用来强调建筑的外轮廓，增强设计感。

▨ 一般照明（基础照明）

照明范围最大的是一般照明，看不清直接光源和方向，具有柔和的光照。通常选择吸顶灯、筒灯、壁灯等灯具。

△以吊灯为一般照明，给客厅提供均匀、柔和的光线。

■ 重点照明

　　相对来说，照明范围小，光照集中，主要用来营造局部的氛围。主要使用灯具有吊灯、落地灯、射灯、台灯等，具体的搭配根据空间需要来定。

△利用筒灯对装饰画进行重点照明，以突出装饰画。

■ 装饰性照明

　　主要强调墙壁、天花板等的轮廓，营造空间的层次感，还可以增强室内的美感。

△顶棚内的灯带做装饰性照明，体现弧形的轮廓，增强了层次感。

■ 立面照明

　　强调对立面的照度提升，使得立面更吸引眼球，达到独特的设计效果。

△建筑上的立面照明，可以让建筑在夜晚时有清晰的轮廓，突出一些重点或者转折点的位置，从而更加吸引眼球。

灯光的照明手法

灯光的照明手法是根据配光方式进行分类，配光方式不同，其照明效果也不同。根据照明效果来选择灯具，不同位置采用不同的照明手法，使空间整体灯光有强有弱，具有层次感。

▌ 直接照明

配光特点：下射光通量比超过 90%，是最节能的灯具之一。

适用场所：可嵌入式安装、网络布灯，提供均匀照明，用于只考虑水平照明的工作或非工作场所，如室形指数（RI）大的工业及民用场所。

不适用场所：室形指数（RI）小的场所。

▌ 间接照明

配光特点：上射光通量比超过 90%，因顶棚明亮，反衬出灯具的剪影。灯具出光口与顶棚距离不小于 500mm。

适用场所：用于为显示顶棚图案、高度为 2.8~5m 的非工作场所的照明；或者用于高度为 2.8~3.6m、视觉作业涉及泛光纸张、反光墨水的精细作业场所的照明。

不适用场所：顶棚无装修、管道外露的空间；视觉作业是以地面设施为观察目标的空间；一般工业生产厂房。

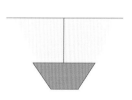

▌ 半间接照明

配光特点：上射光通量比超过 60%，但灯的底面也发光，所以灯具显得明亮，与顶棚融为一体，看起来既不刺眼，也无剪影。

适用场所：需增强照明的手工作业场所。

不适用场所：楼梯间（以免下楼者产生眩光）。

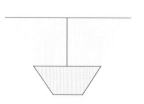

▨ 半直接照明

配光特点：上射光通量比与下射光通量比几乎相等，直接眩光较小。

适用场所：用于要求高照度的工作场所，能使空间显得宽敞明亮，适用于餐厅与购物场所。

不适用场所：需要显示空间处理有主有次的场所。

▨ 漫射型照明

配光特点：出射光通量全方位分布，采用胶片等漫射外壳，以控制直接眩光。

适用场所：常用于非工作场所、非均匀环境照明，灯具安装在工作区附近，照亮墙的最上部，适用于厨房或与局部作业照明结合使用。

不适用场所：因漫射光降低了光的方向性，所以不适合作业照明。

▨ 内透光照明

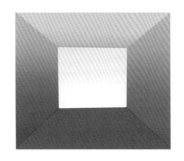

配光特点：出射的光通量均匀分布，不容易产生眩光。

适用场所：适用于有被照物需要重点突出的空间，同时也会给予外部空间一定的照度，如玻璃房、展柜、鱼缸等。

不适用场所：由于光线整体均匀且亮度不高，因此不适合作业照明。

室内人工照明布局技法

人工照明也称为"灯光照明"或"人工光照"，是采用各种发光设备来为房间提供光源的一种照明方式，也是室内照明设计的主要内容。人工照明设计既是夜间光源的来源，又是白天室内光线不足时的补充。同时，不同灯具的组合会带来不同的光环境效果，能耗相较于自然采光更大。

吸顶灯

吸顶灯作为空间中常见的主要光源，不会像吊灯一样受层高限制，又比筒灯的款式多，装饰效果较好，因此，对于层高较低的空间来说是非常不错的选择。吸顶灯的室内布局技法较为单一，重点应注意吸顶灯在灯具尺寸以及照度。

■ 灯具尺寸的选择

在选择吸顶灯时，以灯具直径 L 在房间对角线长度的 1/10~1/8 为基准来选择大小，在这个尺寸区间内的比较合适。

L =（1/10~1/8）× 房间对角线长度

■ 吸顶灯照度的选择

吸顶灯的适用空间众多，其作为主灯时，应根据使用空间的人群以及实际需求来选择。吸顶灯作为一般照明时，应在局部需要高照度的作业区域安装局部照明，从而保证局部所需的亮度。以书房为例，成人和儿童适用的照明设计应有所区别。

书房大小与吊灯尺寸关系

使用场景	图例	特点
成人书房	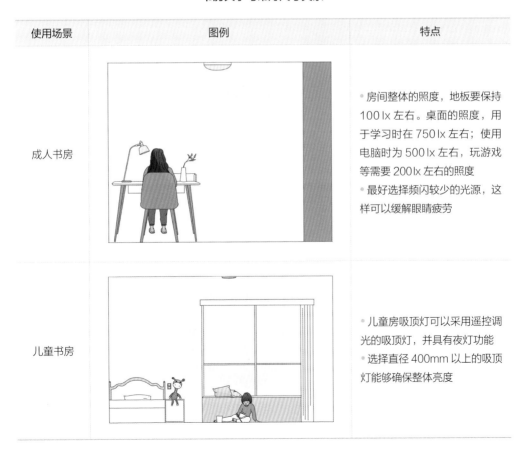	• 房间整体的照度，地板要保持 100 lx 左右。桌面的照度，用于学习时在 750 lx 左右；使用电脑时为 500 lx 左右，玩游戏等需要 200 lx 左右的照度 • 最好选择频闪较少的光源，这样可以缓解眼睛疲劳
儿童书房		• 儿童房吸顶灯可以采用遥控调光的吸顶灯，并具有夜灯功能 • 选择直径 400mm 以上的吸顶灯能够确保整体亮度

吊灯

吊灯的装饰效果较好，造型、款式也多种多样，外形不同照明效果也不同，因此应选择符合使用空间特征的吊灯。一般，吊灯常应用在客厅、餐厅、卧室三个主要功能区中，在安装吊灯时，要重点注意吊灯形式与安装高度的关系。

吊灯款式与照明效果

吊灯款式	特点	图例
下发光吊灯	向下发光的款式在视觉上装饰效果不错，而且能够保证垂直下方的桌面的亮度，但是由于装有遮光灯罩，没有光线漏射到天花板上，所以天花板会比较暗，因此需要与间接照明组合使用。 安装高度：安装高度高于 2130mm 即可	
整体发光吊灯	整体发光的款式能照亮天花板，令空间整体都很明亮，但是如果想在客厅阅读，则需要搭配局部照明，否则亮度达不到。 安装高度：天花板高度至少 2400mm 才够吊灯垂落下来，下垂高度不能碰到头，有些灯线可以调整，但有些不可以调整，所以，安装高度应高于 2130mm	

◤ 吊灯与餐桌的关系

餐厅中的光源多采用暖色系，能够让餐桌显得突出，营造就餐和谈话的快乐气氛，而且餐厅中的吊灯多安装在餐桌的上方，尺寸与餐桌的大小相关。

吊灯数量与餐桌尺寸的关系

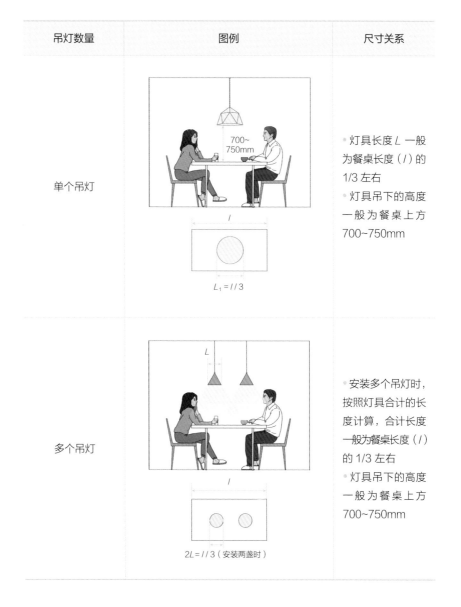

吊灯数量	图例	尺寸关系
单个吊灯	700~750mm *l* $L_1 = l/3$	•灯具长度 *L* 一般为餐桌长度（*l*）的 1/3 左右 •灯具吊下的高度一般为餐桌上方 700~750mm
多个吊灯	*L* *l* $2L = l/3$（安装两盏时）	•安装多个吊灯时，按照灯具合计的长度计算，合计长度一般为餐桌长度（*l*）的 1/3 左右 •灯具吊下的高度一般为餐桌上方 700~750mm

筒灯

筒灯作为常见的辅助性照明灯具，也可以做主灯，且几乎在所有空间中都适用，其布局重点是要合理安排筒灯的位置及控制相互之间的间距。

■ 筒灯的常见布局方案及特点

筒灯既可以作为一般照明使用，也可以作为局部照明使用。而作为一般照明使用时，需要均匀地排布才能保证照度均匀，令每一部分都能得到相同的照度。

/ 筒灯的布局方案 /

（以空间大小为 3000mm×3000mm×2400mm 的客厅为例）

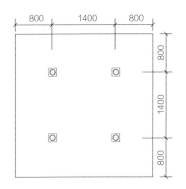

① 等距离布置灯具，可以获得均匀的照度
② 照明没有主次，整体氛围比较单调

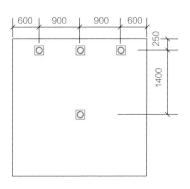

① 将人的视觉集中于内侧墙上，增加视觉上的明亮感
② 墙上如果有装饰物的话，能够营造氛围
③ 中央桌面上也安装一个，能保证水平面的亮度

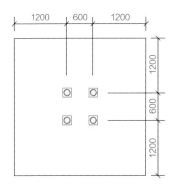

① 房间中央的桌子上方安装 4 个，显得亮度十分集中
② 但墙面显得较暗，可以与间接照明一起使用

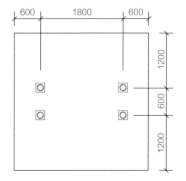

① 两侧墙面显得更亮，如果墙上有装饰物，更能突出氛围
② 桌面也能被照亮，可以搭配落地灯，这样更有意境

在餐厅使用筒灯时，一般，筒灯的位置与间隔都是根据餐桌的尺寸进行设计的。

① 桌子上方，以较近的间隔安装 2~4 盏灯具，让桌面可以得到 200~500lx 的照度

② 如果有灯头可旋转的筒灯或落地式投射灯，可以调整照射的角度来满足不同的需求

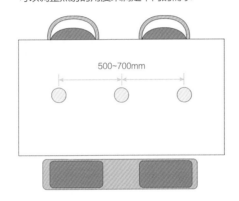

集中安装 2 盏或 4 盏筒灯，以便光线足以覆盖餐厅中央大部分范围

安装间接照明以保证整体亮度，使用可调节筒灯，配合餐桌位置并营造氛围

灯带

灯带可以说在任何空间都适用，主要作为辅助照明和装饰照明，一般会对空间的重点位置进行强调和设计。

▨ 电视背景墙的灯带设计

客厅中，灯带大多用于背景墙的设计中，尤其是电视背景墙。因为电视画面与背景墙的亮度差过大，视线移动时，人就要不断调整瞳孔的大小，致使眼睛疲劳，比较好的解决方法是在关掉其他照明时，点亮电视机背景墙的灯光，这样的局部照明设计可以减缓视觉疲劳。

电视背景墙的灯带设计

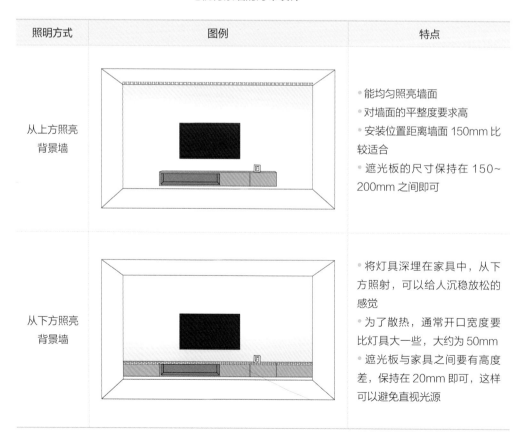

照明方式	图例	特点
从上方照亮背景墙		• 能均匀照亮墙面 • 对墙面的平整度要求高 • 安装位置距离墙面 150mm 比较适合 • 遮光板的尺寸保持在 150~200mm 之间即可
从下方照亮背景墙		• 将灯具深埋在家具中，从下方照射，可以给人沉稳放松的感觉 • 为了散热，通常开口宽度要比灯具大一些，大约为 50mm • 遮光板与家具之间要有高度差，保持在 20mm 即可，这样可以避免直视光源

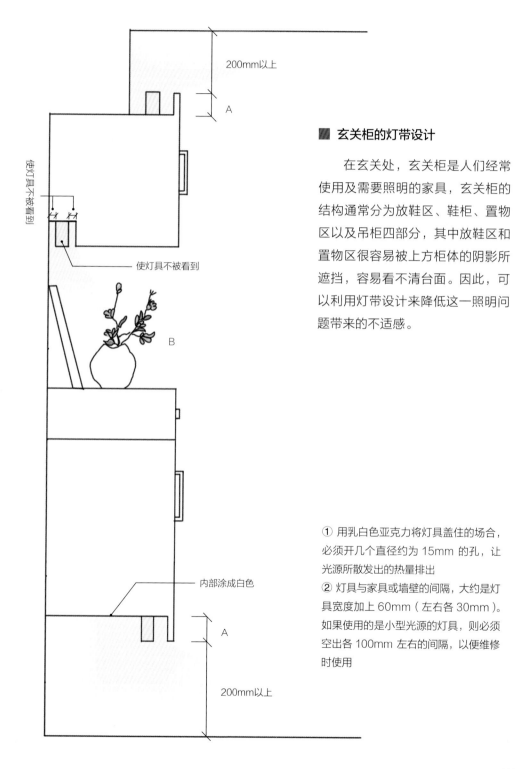

200mm以上

A

使灯具不被看到

使灯具不被看到

B

内部涂成白色

A

200mm以上

▨ 玄关柜的灯带设计

在玄关处，玄关柜是人们经常使用及需要照明的家具，玄关柜的结构通常分为放鞋区、鞋柜、置物区以及吊柜四部分，其中放鞋区和置物区很容易被上方柜体的阴影所遮挡，容易看不清台面。因此，可以利用灯带设计来降低这一照明问题带来的不适感。

① 用乳白色亚克力将灯具盖住的场合，必须开几个直径约为 15mm 的孔，让光源所散发出的热量排出
② 灯具与家具或墙壁的间隔，大约是灯具宽度加上 60mm（左右各 30mm）。如果使用的是小型光源的灯具，则必须空出各 100mm 左右的间隔，以便维修时使用

壁灯

　　壁灯作为辅助性照明和装饰性照明存在于各个空间中，主要位于卧室、客厅、走廊以及楼梯等空间。壁灯安装高度由设计的空间来决定。

设计要点 ▶ ▶ ▶

客厅内，壁灯距离地面高度应在 2240~2650mm，具体高度可根据背景墙的造型进行更改。

设计要点 ▶ ▶ ▶

枕边的壁灯最好是左右均可以开关与调光的，安装的高度距离枕头 600~ 750mm。

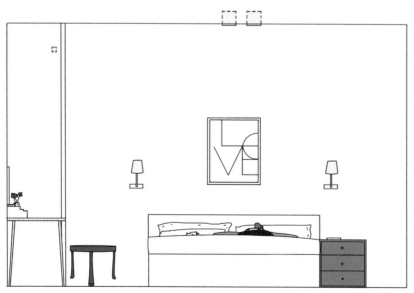

2500~3000mm

走廊

设计要点 ▶▶▶

走廊壁灯的安装高度为
2200mm，灯具间距可以
调整为 2500mm 左右，
如此，空间可以得到均等
的亮度。

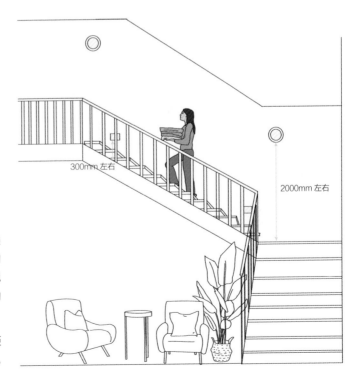

300mm 左右

2000mm 左右

楼梯

设计要点 ▶▶▶

① 壁灯以看不见灯泡的类
型为最佳，避免下楼梯的
人看到光源从而刺激到视
觉，壁灯最好使用朝上的
光源或漫射光源。

② 壁灯的安装高度以距
离楼梯地面2000mm为宜。

射灯

射灯是对物品或区域进行重点照明，主要照射对象一般为墙面（包括装饰画等装饰品）或者顶面，射灯的设置高度通常与被照物的高度以及其安装角度有关。

照亮
墙面

设计要点 ▶▶▶

① 照亮墙面的射灯通常以成组的方式进行照明，能够更好地营造氛围。

② 通常情况下，照明用的轨道位置应距离墙面 800mm 左右。

③ 一条 1000mm 的轨道上可装设 2~3 盏灯具。

照亮
顶面

设计要点 ▶▶▶

设置在墙面上的射灯照亮大部分顶面，如果射灯位置过低，人眼会看到刺激的光源受到伤害，因此尽量选择扩散型灯具，且高度在 2000 以上，以更加柔和地照亮顶面。

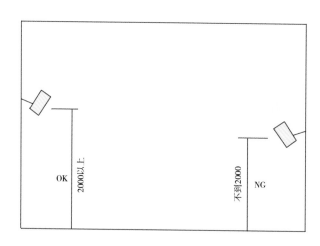

台灯及落地灯

台灯及落地灯都是重点照明灯具，具有可移动性，可以分布在空间的任何位置，作为补光的光源存在。在空间中，只要是有局部缺乏光亮的区域，就可以用台灯或落地灯进行照明，只需根据照度需求选择灯具即可。

△书房的桌面上设置台灯，能够有效地避免桌面亮度过低，出现看书费眼的情况。

不同活动的照度值要求

活动	参考平面	照度值（lx）
电脑游戏	工作面	150~300
伏案操作、工作	工作面	300~750
学习、看书	工作面	500~1000
手工、缝纫	工作面	750~1500

灯具安装

灯具的使用离不开安装，不同的灯具其作用、适用空间以及安装方式也不同，安装方式不同，其呈现的效果也不同。灯具的安装需要施工人员按照施工图纸的标注进行准确的定位，以保证空间能够全部被照亮。本节将根据灯具的类型讲解其安装方法以及施工节点。

主灯的安装

主灯作为基础照明、装饰照明的核心灯具，其安装方式大致可分为吊装和吸顶两类。

■ 吊装

吊装常见于层高较高的空间，通过吊杆或者吊线将主灯垂吊，垂吊高度根据实际情况不同而有所区别。其优点是建立视觉焦点，增强空间感，彰显品位。吊装主灯需要特别注意的是牢固度，需要充分考虑自重及环境方面的影响（如风、可能发生的碰撞等）。

■ 吸顶

吸顶式安装常见于简约风格或层高较低的空间，其优点是简约、省空间。

左 | 右

左　吊灯的类型和垂吊高度由空间的层高来决定。

右　吸顶灯常用于卧室中。

筒灯的安装

筒灯可分为嵌入式筒灯、明装筒灯及吊装筒灯等，其使用场合也与设计需求息息相关。

◼ 嵌装

嵌入式安装是筒灯最常见的安装方式，其优点是便于藏灯、凸显天花、整洁美观、灯型丰富、使用较灵活。筒灯安装需要注意的是，灯具本身与吊顶龙骨的位置关系、筒灯之间的灯间距、灯与被照物的距离、整体天花板的美观度等。

◼ 明装

明装筒灯通常应用于受安装条件限制无法安装嵌入式筒灯的空间或室内设计特殊设定的空间，其优点是无须吊顶。筒灯安装需要注意的是灯具本身的选择。

◼ 吊装

吊装筒灯通常应用于特定场合，其优点是可以随意调整安装高度。

△嵌装筒灯给予空间较为均匀的光量。

射灯的安装

射灯通常可分为嵌入式射灯、明装型射灯和轨道射灯，其与空间环境结合紧密。

▽对重点装饰物进行照明，抓住人的眼球。

■ 嵌入式射灯

嵌入式射灯与嵌入式筒灯类似，其角度更小，指向性更强，灵活度更高，通常应用于有吊顶的重点照明，安装时需注意其与墙面和被照物的距离关系。

■ 明装型射灯

明装型射灯通常应用于无吊顶空间或特殊结构空间，灵活性强，基本可实现 360°照射，安装时要尽量隐藏灯具并注意距离。

■ 轨道射灯

轨道射灯也是常用的射灯，有无吊顶均可使用，其优点是非常灵活且美观，安装时需注意轨道的选择、灯具的定位。

轨道灯的安装

轨道灯作为室内照明设计常用的辅助设备,其应用范围很广。在选用轨道灯时需要根据实际情况确定轨道灯的颜色、种类、回路数量、控制方式等,以做到物尽其用。其大致可以分为嵌入式轨道灯、明装型轨道灯以及吊装型轨道灯。

■ 嵌入式轨道灯

嵌入式轨道灯一般应用于有吊顶的空间,其优点是隐蔽性强,安装中需要注意其与天花的平整度应统一。

■ 明装型轨道灯

明装型轨道灯一般应用于无条件安装吊顶或有特殊要求的空间,其优点是安装方便,需要注意轨道安装中务必保证接口处平直。

■ 吊装型轨道灯

吊装型轨道灯一般应用于特殊场合,其优点是高度可调节,安装中需注意轨道的高度及位置关系。根据回路数量可以分为二线轨道灯、二相三线轨道灯、三相四线轨道灯,需根据控制方式不同进行选择。

洗墙灯的安装

洗墙灯是立面照明的主要灯具之一,基本可分为嵌入式洗墙灯、轨道洗墙灯及固定式洗墙灯。其安装重点应注意的是空间高度、灯间距、灯与立面距离以及灯具的功率。

■ 嵌入式洗墙灯

嵌入式洗墙灯应用比较广泛,通常几个为一组,对某个立面进行"打底"照明。其优点是安装方便、外形美观实用,但在实际安装过程中,需要根据被照物进行角度调整,由于较好的洗墙灯都有明确的安装定位,只需根据定位进行细致安装,并进行适当调整即可,安装难度不大。

△嵌入式洗墙灯可避免灯光直射人眼。

嵌入式洗墙灯隐藏在吊顶内部，在进行安装时要注意不同的构造以及灯具的朝向，以达到不同的装饰效果。

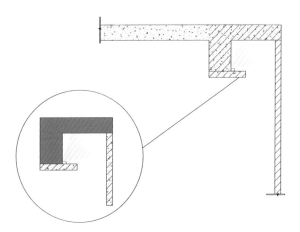

节点图

/ 灯具向斜上方打光的做法 /

实际效果图

实际效果图

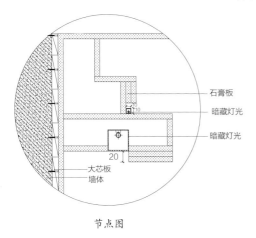

石膏板
暗藏灯光
暗藏灯光

大芯板
墙体

节点图

▨ 轨道洗墙灯

轨道洗墙灯类似于轨道射灯，但其调整更加细致，基本要求是使几盏洗墙灯照射的立面光斑边沿平齐，立面均匀度一致。其优点是安装简单方便，调整灵活。

▨ 固定式洗墙灯

固定式洗墙灯类似于固定式射灯，此处不再赘述。

灯带的安装

灯带作为装饰照明的主要灯型，根据不同的应用场合，其安装方式也多种多样。根据灯带的安装位置和所预期的效果，其节点构造也不同。

△灯带对空间也起到了一定的装饰作用。

/ 墙面内凹式阳角灯带的做法 /

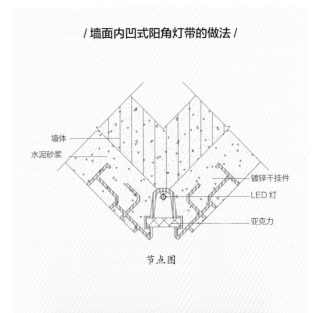

墙体
水泥砂浆
镀锌干挂件
LED 灯
亚克力

节点图

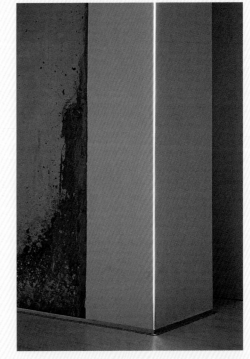

实际效果图

/ 卫生间内暗藏灯带的做法 /

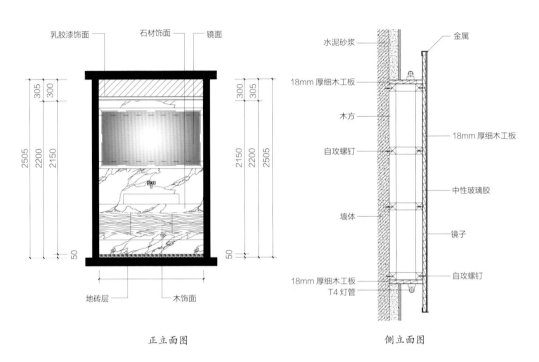

正立面图   侧立面图

正立面图标注：乳胶漆饰面、石材饰面、镜面、地砖层、木饰面

侧立面图标注：水泥砂浆、18mm 厚细木工板、木方、自攻螺钉、墙体、18mm 厚细木工板、T4 灯管、金属、18mm 厚细木工板、中性玻璃胶、镜子、自攻螺钉

实际效果图

/ 墙面造型内暗藏灯带的做法 /

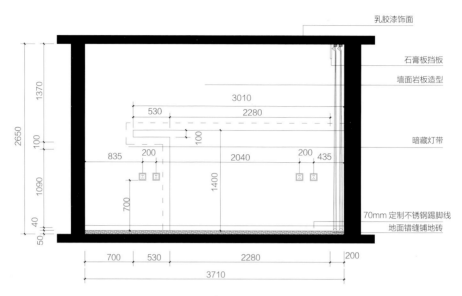

乳胶漆饰面

石膏板挡板

墙面岩板造型

暗藏灯带

70mm 定制不锈钢踢脚线

地面错缝铺地砖

立面图

实际效果图

/ 顶面暗藏灯带的做法 /

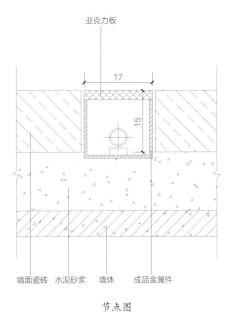

亚克力板

17

15

墙面瓷砖 水泥砂浆 墙体 成品金属件

节点图

实际效果图

/ 柜体内凹嵌灯带的做法 /

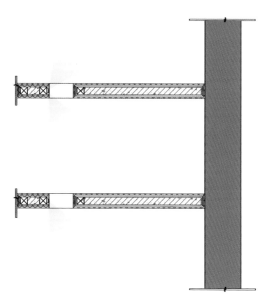

节点图

实际效果图

/ 橱柜内部透光灯带的做法 /

透光膜   T4 灯管   20×20 不锈钢收口条

节点图

实际效果图

其他灯具的安装

其他灯具包含地埋灯、梯步灯、夜灯等，根据不同的需要选取不同灯型，以下内容只针对部分常用灯型进行说明。

地埋灯

地埋灯在家装中应用较少，选用时需要特别注意统一眩光值的要求、强度要求以及防水性要求。安装过程中需要注意灯与地面的平整度关系。地埋灯根据需要一般暗藏在地面材料下方，其节点构造如右图。

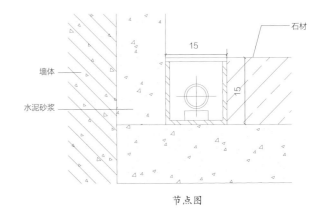

墙体

水泥砂浆

石材

节点图

实际效果图

▤ 梯步灯

梯步灯（踏步灯）通常应用于别墅、酒店等场所的楼梯，起到基础照明和装饰照明的作用，安装中需注意灯盒尺寸和开孔关系、灯具和楼梯面的高度关系。根据安装的位置，梯步灯分为多种构造形式，构造不同，其安装的效果也不同。

/ 梯步灯侧面安装的做法 /

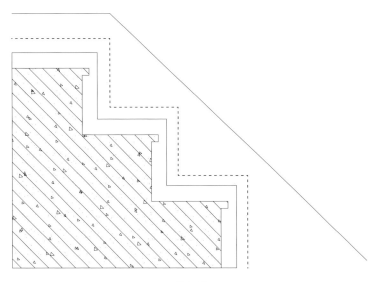

节点图

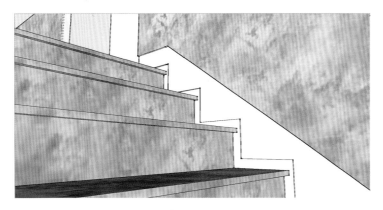

实际效果图

/ 梯步上方安装灯的做法 /

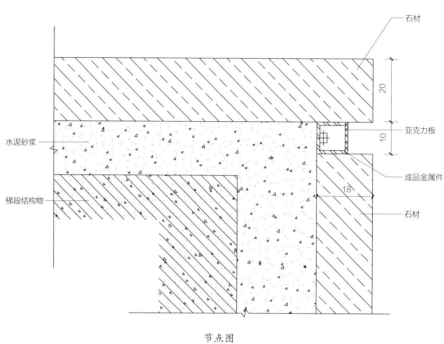

石材

20

亚克力板

10

水泥砂浆

成品金属件

18

梯段结构物

石材

节点图

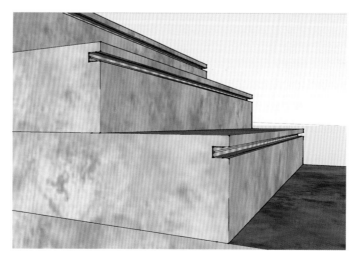

实际效果图

扫码获取更多灯光节点

/ 梯步下方安装灯的做法 /

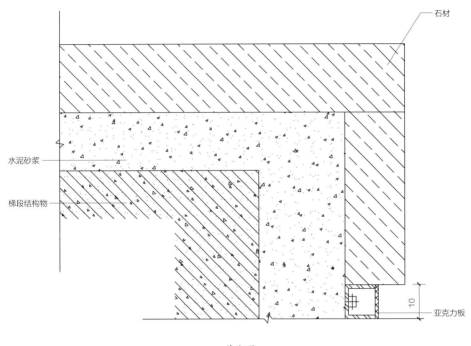

石材

水泥砂浆

梯段结构物

10

亚克力板

节点图

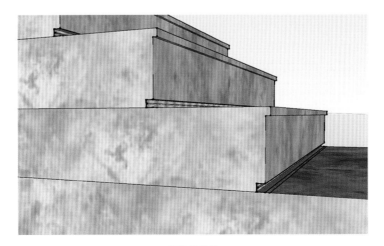

实际效果图

照明设计流程

照明设计作为室内设计的分支，遵循一定的流程会使设计更规范，整体设计更科学，同时也能更有效地梳理照明设计师的设计思路，以便进行更有效的调整。

概念设计

01

工作内容： 需要与建筑设计师或室内设计师进行尽可能深入地沟通，明确室内设计师的设计思路、意图，了解整体项目档次定位，了解业主的习惯、忌讳，从而制订出符合以上要求的照明概念方案。在概念设计确认过程中，设计师需要针对业主设计方案中提出的修改意见进行权衡，或更改，或坚持，需要根据情况而定。

提交资料： 概念设计方案、设计概算。

扩充设计

02

工作内容： 需将概念方案进行进一步的扩展，确定为完成各个空间设计所需照明灯具类型、数量，明确各个区域照度需要、对比度要求等。这个阶段的设计是将整个照明设计"由小往大"做的阶段，即将概念设计中的设计思路逐步落地的阶段。

提交资料： 灯具列表、灯具参数。

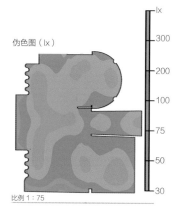

伪色图（lx）

比例 1：75

△对灯具的色温等参数有一定的考量。

工作内容：需要对整体设计方案的各个细节进行全面的梳理和细化，将一切有可能出现的细节问题尽可能地考虑到，尽可能避免对后期的施工造成不必要的影响。该阶段需要明确所选灯具的具体参数（角度、色温、功率、显色指数、安装方式等），绘制并提供准确的灯位图，对部分或全部区域进行照度计算以确认设计是否需要完善。

提交资料：灯具列表（详）、照度计算报告、灯位图等。

等值线（lx）

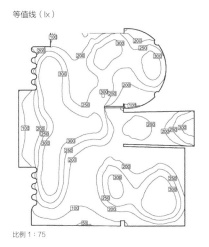

比例 1 : 75

数值系统（lx）

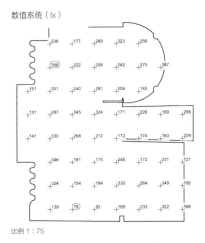

比例 1 : 75

△针对灯具的具体位置、区域的照度计算等方面列出详细的表。

163

施工图设计 04

工作内容：照明设计师需要亲临现场，对现场情况有明确的认知，对特定区域、特殊区域、不符合安装条件的位置进行及时有效的设计调整，并与项目经理就施工安装细节进行有效的沟通，避免出现诸如安装错误、暴力施工等情况。

提交资料：灯位连线图、灯具安装说明等。

灯光调试 05

工作内容：灯光调试作为照明设计的收尾阶段，其重要性是毋庸置疑的，正所谓"七分在设计，三分在调光"。在该阶段，照明设计师需要亲临一线，对整个项目的灯光进行测试和调整，对由于安装或施工导致的与设计不符之处提出质疑，并责令整改。

第五黄金法则

材料质感与肌理设计

Material Texture Design

质感是物体特有的色彩、光泽、肌理、纹样、透明度等多种因素的综合表现，主要来自人的五官感知的信息，主要表现在视觉和触觉上，其中最能表现质感的就是肌理了。质感与肌理可以说是相辅相成的，同时，不同肌理所形成的质感能影响人对室内空间的感受。在设计时，好的肌理设计能够帮助设计师更好地迎合空间氛围，让内部空间更加和谐统一。

质感

材料的质感

材料的质感一般指人对材料表面的肌理形成的视觉、触觉感知，具有一定的主观成分。在室内设计中，各种材料因结构组织的差异以及物理、化学属性的不同，其表面会呈现出不同的质地特征，给人带来不同的心理感受，并产生了软与硬、粗与细等感觉区分。如木材、石材、皮革的质感，通常给人以自然、舒适的心理感受；玻璃、水泥、钢材的质感，一般给人以坚硬、理性的心理感受。

△透明座椅和桌腿给人以坚硬的心理感受。

△木质地面和柔软的布艺给人以舒适的心理感受。

质感的分类

同一材料的质感并不是固定不变的，金属型材料的表面敷贴木纹贴面后形成了人工质感，并不会令人感到坚硬、冰冷，反而让人感觉自然、质朴。因此，根据材料自身的构成特性，材料的质感可分为天然质感和人工质感。

▨ 天然质感

天然质感即物体表面特质的自然属性，是材料的成分、物理化学特性及表皮肌理等组织所呈现的特征，是材料自身所固有的质感。

△柔软的质感是布艺本身所具有的。

▨ 人工质感

即物体表面特质的人工属性，是指人有目的地对材料表面进行技术性和艺术性加工、处理，使材料具有自身非固有的表面特征。

△座椅看似用织物编织而成，实际为坚硬的铁制品刷漆而成。

肌理

材料的肌理

　　肌理是质感的形式表现特征，侧重的是材料的表象，肌理的存在使材料的质感体现得更为具体、形象，是质感的多种表现形式中最能体现质感的一种特征。另外，肌理是从视觉和触觉等多种方面影响人对物体的印象与感官，根据肌理的区别，人眼能够迅速地识别物体的造型，从而表现出不一样的情绪。不同的材质有不同的物质属性，因而也就有其不同的肌理形式，使人产生多种感觉。例如，干和湿、平滑与粗糙、软和硬。

粗糙的地面肌理

平滑的台面肌理

肌理的分类

　　肌理根据不同划分方式有不同的种类，而这些性质也让材料表面呈现出各自的特点，在室内设计中可以更加灵活地组合不同的肌理，让空间内部更加丰富并且具有层次感，在一个空间中让人从视觉、触觉上都能感受到不同的氛围。

▓ 从感官上划分

　　从感官上划分，肌理可以分为触觉肌理和视觉肌理。

　　触觉肌理：用手触摸材料时人所感觉到的材料的质地，其既是一种触觉感受也是一种视觉感受。如玻璃、大理石坚硬的肌理形态能给人以冷酷的力量感；木质的肌理能给人纯朴、亲切、自然的感觉。

△坚硬、光滑的大理石肌理给人以冷酷的力量感。

　　视觉肌理：用眼睛就能看到，是对物体表面特征的认识。肌理表面通常是平滑的，因而用手触摸通常感受不到。形形色色的大理石纹，视觉上可以看到大理石上有多种肌理，而实际触摸时却感觉不到。

△从视觉上看大理石纹路有裂纹，而实际上是平滑无缺的。

▓ 从材料上划分

从材料上划分，肌理可以分为自然肌理和人工肌理。

自然肌理：在自然界中，肌理无处不在，一颗沙粒、一块石头、一片落叶、一根羽毛、一股清泉，都有各自不同的肌理形态，这些肌理都具有巧夺天工的美，都具有返璞归真的魅力。只要仔细观察生活环境，生活就会向人们提供源源不断的创作灵感。根据这些自然界的肌理，人们可以通过使用（在空间中使用天然石材，让其肌理成为装饰的一部分），模仿（将花、草的形态印制在窗帘等布艺上进行装饰），变化（将自然肌理抽象化，形成画作或其他艺术品）等方式，将它们应用在室内空间中。

△自然界中有众多不同的肌理形式，区别较大。

▷大理石是自然界形成的自然肌理，具有独一无二的特性，即使是同一地区产出的大理石也不会有两块一模一样的，在室内空间中，两块大理石既和谐统一，相互之间又有变化，同时大理石的纹理让墙面更具动态感，不会给人以死板的感觉。

人工肌理：人们对自然材料表面进行改造，改变了肌理的初始状态，就可以创造出新的肌理效果，构成人工肌理。如粗糙的沙子、泥土经过加工可以变为平整的地面、墙面，树木砍伐而成的木头也可以成为不同质地的纸张。在室内设计中，大部分肌理都是人工改造的，具有可控性，能够保证装饰效果。

△人工肌理更有秩序。

△地毯由固定的菱形方块组成，同时，菱形内部又被分为6块，每一块的颜色深浅不一，因此在将这些菱形合并在一起时，根据色块的拼接又能产生不一样的肌理感，让整块地毯富有韵律感。

元素和形态对肌理的影响

改变原有材质肌理的手法

　　元素是物体本身的表面肌理，而形态则是赋予物体二次肌理，用不同的组合形式，使物体所呈现的表面肌理和组合出的二次肌理相辅相成。常用的设计手法有两种，即元素重构和形态重构。

▊ 元素重构

　　通过对位置、功能、形态进行重新组织，以赋予元素不同的表现形式，使其展现新的审美情趣。应该明确的是，在设计中不管如何发掘、如何重构，都要明白元素只是居住空间的构成要素之一，都要遵循设计的规律和原则，都要有合理的技术加以支撑，都要服务室内空间整体的需要，都要顺应、引领人们健康的生活方式与生活理念，树立前瞻意识，以构建出未来设计发展的新理念。

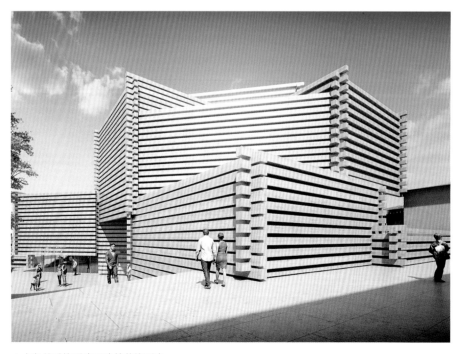

△木条的重构形成了建筑装饰要素。

上　新西兰毛利族建筑
　　中的吊顶采用常规
　　的正方形，通过白、
　　红、蓝三种颜色的
　　拼接以及连接方式，
　　构成了类似波浪或
　　者三角形的形态。
　　将原本的正方形元
　　素重新组合，赋予
　　它更多的形式，运
　　用新的设计形式，
　　为设计添彩。

下　国家大剧院的柱结
　　构为圆柱形，不方
　　便做过多的设计和
　　装饰，金属网既有
　　韧性，又贴合圆柱
　　形的形状。同时，
　　金属网的网状造型
　　给单调的圆柱增添
　　了造型感和设计
　　感，且设计简单、
　　低调，符合国家大
　　剧院的整体形象和
　　设计氛围。

■ 形态重构

以点、线、面、体等形态进行重新排列、组合，以构建全新的形态或二次肌理。使审美特性得以拓展，使形态更具节奏感和韵律感。

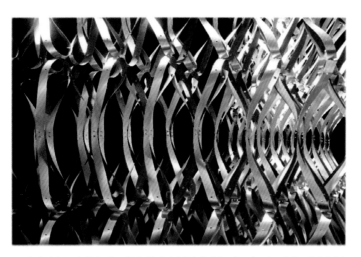

△通过刷金属漆的方式，使条状防火板具有金属感，打破了人们对防火板的固有印象，同时，多条交叉组合并且不断重复，使其突破了防火板形态的边界，构建出新的二次肌理。

▽建筑整体设计以木质为主体，但是木感过重会给人以死板、僵硬的感受，因此，设计师通过垂钓不同高度的木片结构，使简单的木片形成独特的韵律感。

▽建筑外表面采用灰镜和石材两种材料交叉拼接而成，通过不同角度的斜插，来保证建筑外结构的实用性，交错的穿插形式也让两种材料呈现出新的艺术特性。

从身边挖掘肌理重构的灵感

　　肌理重构其实本身并不复杂，重构都是基于不同的元素，因此发掘各种各样的元素也是十分重要的。其实元素的发掘并不是多么复杂和困难的事情，很多元素就在身边，只需要认真观察就会发现。

■ 从民间民俗文化中发掘

　　民俗文化是中国最独具特色的传承，许多民族艺术都具有民族和地域特色，在材质、色彩、工艺上均有精湛的表现，通过对石刻、木雕、刺绣、布艺、剪纸、风筝、用具等元素进行创新性转化和意象式表达，可以形成特殊的审美情趣，也能重构肌理，形成二次肌理。

△鱼形剪纸中包含了现代建筑的纹样，将传统和创新串联起来，形成了二次肌理。

上
下

上　扎染中的花纹是普通染布技术无法达到的效果，其独特性可以进行二次转化，变成更加符合现代审美的肌理。

下　刺绣中包含很多独具特色的纹理，选用其中的一个或多个元素，都可以加工成独特的肌理。

■ 从生态自然中发掘

直接使用自然中的材料：利用自然中那些看似"无用"，实际又环保、生态的材料，将其重新组织、整合，充分发挥其自然质朴的表现力。如枝叶、木棍，竹片，秸秆，藤蔓、藤条、花瓣，等等，都能营造意境并拓展材料"无限"的界限。

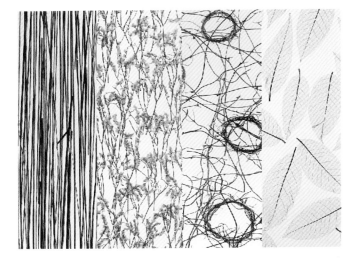

△提取自然界中常见的藤蔓、藤条、树枝、树叶四种材料，先对它们进行排列组合，再进行特殊处理后运用在板材上，形成新的 3form 装饰板材，可以运用在室内空间的各个位置，为室内空间带来生机。

采用自然界的形态：人的精神需求是多元的，空间的功能也是多样的，将一种材料、形态或者风格样式套用在所有类型的空间是不可能的。因此要多从有限的材料、形态或风格样式中去寻找无限的可能性。在自然界中存在各种各样的形态，这些形态具有自然之美，用不同的材料去展现这些形态，可以增加设计的可能性。

▷提取自然界中常见的各类形态，包括山川、植物等自然形成的具有美感的形态，再使用一些自然界中本身不存在的材料即钢丝，对其进行表达，会收获意想不到的惊喜和效果，让山川有了别样之美。

■ 从现代生活中发掘

常见的生活用品如勺子、瓷盘，甚至报纸、毛线、吸管、掏耳朵的棉签等，经过巧妙加工、组织、整合，同样也能拥有其独特的美感和视觉肌理。

△对书本进行切割，在中间的方形区域内，通过精确的裁剪，使其具有日本枯山水庭院的禅意。

△巧妙地将同样大小、形态的勺子进行组合，组合后打破勺子的固有形态，从而形成不同大小的圆形或半圆形，带来新的装饰效果。

△通过螺旋式组合方式，将不同形态和颜色的皮箱从端正的方形转变成带有弧度的螺旋形，在室内空间中形成新的装饰结构。

△将废旧的书本平整地铺设在图书馆内的座椅上，不同颜色的书页形成了新的肌理，且每个座椅都会因为书籍不同形成独特的肌理，具有独特性。旁边的悬吊装饰是利用书籍穿成的，每本书穿线的位置不一样，其形态也会发生变化，这种装饰品更加贴合图书馆的氛围。

设计管理的实施

设计的内容包括平面设计、工业设计、室内设计、建筑设计等。而管理则是在工作范畴中所实施的管理。设计管理可以理解为对设计活动的组织和管理。设计是管理的对象，又是管理对象的限定。针对不同的设计，设计管理的理解也有所不同。室内设计中的设计管理可以理解为对设计组织团体的管理。

项目层面上的设计管理

设计项目管理实际是针对设计方面的项目管理，它一方面是对与客户的沟通、交流以及对设计项目种种信息的确认，另一方面是针对具体负责的设计师的管理，对具体设计项目的管理与实施。这就要求在设计项目管理的过程中，项目管理的负责人要进行对内、对外两方面的沟通。且在项目管理的过程中参与并监控设计的过程，对工作中的问题有自己的决断并有承担责任的魄力。

▨ 设计项目管理的组成

启动：第一，合约确认。设计范围、内容、深度、时间、例外。不管合同已签约，还是合约没下来，都要有设计工作启动确认书。第二，合约交底。项目启动后，一定要做"合约交底"。设计范围可以用图示意，这样更加直接。内容要明确，比如消防、机电、水暖是不是涵盖在里面；设计深度可以用样图的方式让业主确认；设计时间要确认，因为谈合约的人未必了解具体项目的情况：基于现有资源是不是可以开工了？还缺少哪些必备的资源？还有哪些例外情况？第三，组建团队。要分析客户、整合人力资源、给项目定性。要对客户进行评级，优质客户还会帮你介绍新的客户，组建团队的时候资源要适当倾斜，这样会有更多的回头客，要把精力放在优质客户身上。如果团队暂时无法满足需求，可以去找更合适的团队来完成设计。项目是为了建立品牌还是为了现金流，相应的对策是不一样的。第四，经济预算。对外预期的利润、对内的激励和分配。

策划：项目策划需要分析客户诉求，转化视角。在这个过程中，需评估项目中的重点、难点、计划节点以及配置资源，前期对项目的重点、难点进行评估，有相应的问题解决预案，项目才能够比较顺利地推进，明确关键节点有哪些小目标是必须完成的，这样大目标完成才可期。同时，还要了解客户的关注点，才能更好地安排工作，转化视角，换位思考。很多项目在这方面有所欠缺，项目管理者要明确自己的工作不仅仅是"切蛋糕"。

执行：设计流程采用 WBS[①] 工作方法，即以可交付成果为导向对项目要素进行分组，将复杂的项目分解为一系列明确定义的项目工作，作为随后计划活动的指导文档进行执行，并通过项目管理的三角理论[②]进行设计沟通。

总结：分为客户反馈和项目总结两大块，其中，反馈体现的是售后服务，总结是把项目所产生的各类资料进行归档保存。

注：① WBS：即工作分解结构，是把一个项目分解成任务，任务再分解成一项项工作，再把一项项工作分配到每个人的日常生活中，直到分解不下去为止。
② 项目管理的三角理论：项目管理中的铁三角为范围、时间、成本，三者相互制约、影响。

企业层面上的设计管理

企业层面上的设计管理根据企业的大小、性质等不同有不一样的内容，而在室内设计方面，最为常见的就是合伙人制度。合伙人制度是指由两个或两个以上合伙人拥有公司并分享公司利润，合伙人即公司股东的组织形式。其主要特点是，合伙人共享企业经营所得，并对经营亏损共同承担无限责任。目前，中国实行合伙人制的企业包括三类：会计师事务所、律师事务所和咨询公司。

益处：除经济利益提供的物质激励外，有限合伙制对普通合伙人还有很强的精神激励，即权力与地位激励。合伙制可以激励员工进取和对公司保持忠诚，并推动企业进入良性发展的轨道。

◼ 合伙人章程的起草

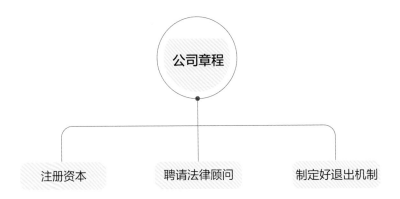

① 在注册资本时，必须按照实缴制且合伙人出钱出力的原则进行资本注册，这样可以保证合伙人共同承担收益和风险，以公司利益和发展为前提开展工作。

② 法律顾问根据《公司法》辅助创始人制定章程。

③ 当合伙人退出时，其他股东按股份或分红比例、当前价值、比例进行回购，创始股东享有优先回购权。

以 × × 合伙人为例，下面为 × × 合伙人章程。

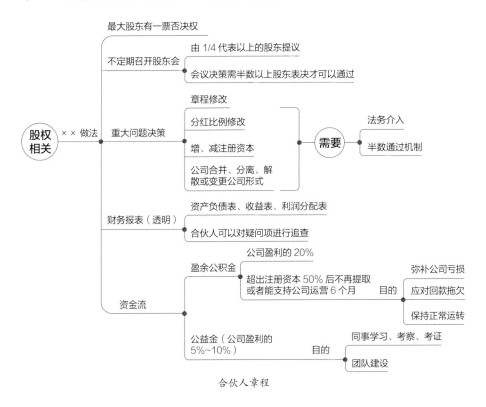

合伙人章程

▨ 合伙人利润分配

通常，主要创始人占股 51% 或以上，创始人身兼数职，控制股权分红。但是，这样的做法容易造成付出和收益失衡。

而"××"则不同，他们选择另外一种方式。

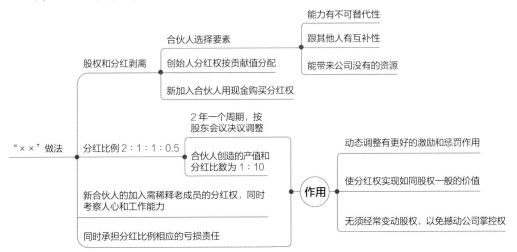

参考文献

[1] 李朝阳 . 材质之美：室内材料设计与应用 [M]. 武汉：华中科技大学出版社，2014.

[2] 刘纪辉 . 色彩与形象 [M]. 北京：中国城市出版社，1995.

[3] 刘纪辉 . 色彩使我更自信 [M]. 北京：中国青年出版社，2015.